城市污泥与
工农业有机废弃物

厌氧小分子碳源转化原理与技术

周爱娟　编著

化学工业出版社

·北京·

本书在系统介绍城市污泥和工农业有机废弃物处理处置现状及其危害的前提下，论述了城市污泥和工农业有机废弃物的理化特征及物化预处理组合技术，秸秆、菌糠、酿造废弃物等作为外加碳源对城市污泥厌氧发酵小分子碳源转化的影响，并结合厌氧微生物学原理、功能微生物群落解析等手段，力图将理论与实践、基本原理与应用有机结合，最后对小分子碳源在微生物电催化系统中的能源转化方面的应用技术进行了论述。

本书适合环境科学、环境工程、市政工程等学科和专业的硕士生、博士生、高校教师，以及相关学科科研人员阅读参考。

图书在版编目（CIP）数据

城市污泥与工农业有机废弃物厌氧小分子碳源转化
原理与技术 / 周爱娟编著．—北京：化学工业出版社，
2018.1（2023.1 重印）
ISBN 978-7-122-30847-4

Ⅰ. ①城…　Ⅱ. ①周…　Ⅲ. ①城市 - 污泥处理②工业
废物 - 有机污染物 - 废物处理③农业废物 - 有机污染物 -
废物处理　Ⅳ. ①X7

中国版本图书馆 CIP 数据核字（2017）第 259724 号

责任编辑：徐　娟　　　　　　　　　　　装帧设计：韩　飞
责任校对：宋　夏

出版发行：化学工业出版社（北京市东城区青年湖南街 13 号　邮政编码 100011）
印　　装：河北鑫兆源印刷有限公司
710mm×1000mm　1/16　印张 11　彩插 4　字数 206 千字　2023 年 1 月北京第 1 版第 2 次印刷

购书咨询：010-64518888　　　　　　　　售后服务：010-64518899
网　　址：http://www.cip.com.cn
凡购买本书，如有缺损质量问题，本社销售中心负责调换。

定　　价：73.00 元　　　　　　　　　　版权所有　违者必究

前言
FOREWORD

近年来，随着工农业生产的快速发展和城市化进程的日益加速，我国的污水处理厂数目和污水处理量急剧增长。城市污泥是污水生物处理过程中的伴生产物，也是污水中污染物的浓缩体。若不加以处理和控制，将会对环境造成严重的二次污染。面对如此巨大的污泥产量和增长率，城市污泥处理理应是污水处理流程中的重要环节之一，然而实际上长期"重水轻泥"的观念导致我国污水处理厂既无设施，也无预留地，高达80%的污泥只是脱水到一定含水率，交由第三方采用填埋或其他低端末端处理。污染物只是换了种存在状态（从液相中迁移到固相），不仅没有彻底消除，反而增加了处理难度。"脱水-填埋或不知去向"成为我国事实上的污泥处理处置路线。成为"负担"的污泥处理既对污水处理厂形成运营压力，也产生了更加严重的社会压力，因此，如何合理地处理和处置污水处理过程中产生的污泥是我国亟待解决的问题。

近年来，相比较传统的填埋和焚烧处理，从城市污泥中最大限度地回收有用资源成为研究热点。厌氧消化工艺是污泥稳定化、减量化和资源化首选的和最可行的途径。污泥经厌氧消化后，不仅体积大大减少，其中的有机碳化合物又可转化为高附加值小分子碳源或沼气，为污水处理厂提供脱氮除磷碳源或能源。然而，城市污泥的组成特点造成其中有机质比例失衡，蛋白质含量偏高，碳氮比（C/N）仅为6左右，严重低于厌氧消化工艺所需C/N比（10～20）。如何改善污泥厌氧消化性能、提高污泥有机质降解率、缩短消化停留时间已经引起了国内外学者的普遍关注。我国是世界第一农业大国，农作物秸秆资源的拥有量也居世界首位。以农作物为原材料的食品工业也带来很多的副产物，如菌糠、酿造废弃物等。如果以工农业有机废弃物为外碳源对城市污泥进行调质，可能对提高二者的资源化利用效率大有裨益。

本书基于以上的研究思路和理念，将作者从事城市污泥多年的研究成果汇总起来。全书共分为五章：第1章主要介绍城市污泥的研究现状；第2章介绍提高污泥溶胞和酸化性能的预处理方法；第3章以农业秸秆为外加碳源，介绍农业秸秆调质对污泥发酵产酸及蛋白质降解转化的影响；第4章以菌糠为外加碳源，介绍其投加对污泥共发酵产酸性能的影响；第5章以酿造废弃物为外加碳源，介绍了其与污泥共发酵的各项性能指标及变化情况。本书的部分内容来自笔者攻读博士学位期间，协助导师王爱杰教授指导的硕士研究生郭泽冲、杜静雯和康灵玲的部分试验研究成果。王爱杰教授对笔者学术思想的形成给予了许多的帮助，在此表示衷心感谢。温凯丽、刘芝宏、樊雅欣和魏瑶丽参与了全文的统稿和文字编辑，在此，对为此书的形成做出贡献的每个人表示感谢。

　　由于作者水平有限，书中难免存在缺点和不足，恳请广大读者批评指正。

周爱娟

2017 年 7 月

目录
CONTENTS

第3章 农业秸秆调质对污泥发酵产酸及蛋白质降解转化的影响 ⬤69

第4章 菌糠投加对污泥共发酵产酸性能影响 ⬤99

第5章　酿造废弃物投加对污泥共发酵产酸性能影响　130

第1章

绪　论

1.1　城市污泥资源化途径及研究现状

目前，在城市污水处理厂建设力度逐步加大的同时，城市污泥产生量也随之激增，如何经济、安全、合理地处理处置和利用污泥是当今十分受关注的研究课题。根据国家"十二五"规划要求，《全国城镇污水处理及再生利用设施建设规划》（国办发［2012］24号）内容强调，到2015年，全国城镇污泥无害化处理处置率达到70%以上[1]。然而，中国城镇供水排水协会发布的《我国城镇供水排水行业发展情况报告》内容显示，至2012年底，我国的污泥处理处置设施建设严重滞后，规模仅完成26.9%，污泥安全处理率不足10%。污泥随意堆放及所造成的污染与再污染问题已经再一次凸显出来。另一方面，城市污泥中蕴含丰富的有机质及矿质元素，如何最大限度地回收污泥中有用的资源，对于实现国家循环经济和可持续发展战略需求有重大的意义[2]。《国家中长期科学和技术发展规划纲要（2006—2020年）》中明确提出，在环境、资源、能源三个重要领域，将"综合治污与废弃物循环利用"作为优先主题及任务要求[3,4]。国务院发布的《国家重大科技基础设施建设中长期规划（2012—2030年）》指出，针对生物质能等能源科学领域，强调"以解决人类社会可持续利用能源的科学问题为目标，……为能源科学的新突破和节能减排技术变革提供支撑"。

污泥处理、处置或资源化利用方式主要包括：填埋、焚烧、土地利用、制砖、热能利用、制取活性炭、排海等[5,6]。填埋法的致命缺点是工程大、耗费土地，可供填埋的场地日渐减少，且极易污染周围水源，引起二次污染、易引起沼气爆炸；由于污泥中的含水量大，焚烧成本很高，如果燃烧不充分还会污染大气；排海会危害海洋生态系统，威胁人类的食物链，造成没有国界的污染，美国及欧盟国家已禁止将污泥向大海投弃。对于污泥农用，由于污泥的理化性质还与有机肥有较大差距，存在大量的病虫卵、病原微生物、重金属、不明有毒难降解有机物和难闻臭气，虽然美国、日本、英国等一些发达国家有很多应用案例，但在我国无论是政策层面还是行业技术导则层面都持限制态度并力图取缔，因此，在开发污泥土地利用技术时对污泥农用仍需谨慎。随着城市污泥产量的逐渐增多，我国已开始将污泥直接干燥成型或造粒，制成有机颗粒肥、有机复混肥和有机微生物肥料等用于土地填埋和城市绿化。我国是农业大国，发展污泥土地利用（不包括污泥农用）不仅符合国家可持续发展的战略需求，而且具有巨大的市场前景。近年来，对剩余污泥资源化途径的研究越来越广泛，图1-1总结了近年来文献报道的各种污泥资源化途径。

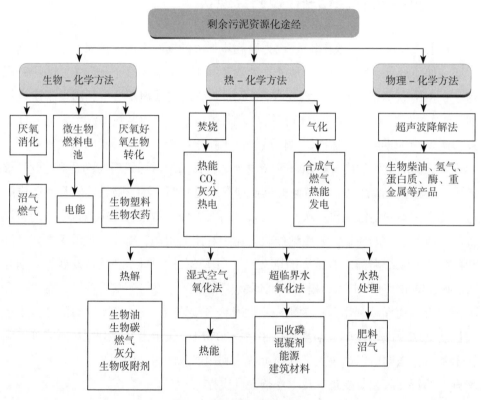

图1-1 城市污泥资源化途径

利用污泥这种廉价的底物生产附加值更高的生物化学品将成为污泥资源化的新途径。挥发性脂肪酸（VFAs）是研究较多的生物化学品之一，这些挥发性短链脂肪酸不仅可以进一步发酵生成甲烷，为污水处理厂提供能源，也可以使其积累作为有机碳源被脱氮除磷菌利用以去除富营养化污水中的氮和磷，这对南方污水厂普遍存在碳源不足的问题具有一定的实际意义。另一方面，大量的剩余污泥可在污水处理厂内部实现资源化利用，也可以进一步节约剩余污泥的运输等方面的成本。综合以上分析，开发高效污泥处理技术，形成优质、稳定、安全的污泥有机肥产品，是发展污泥土地利用的核心技术，对实现污泥资源化利用具有极大的应用价值和社会意义。

1.1.1 城市污泥的基本组成分析

为了更好地对剩余污泥能量循环利用进行评价，分析剩余污泥的组成成分是非常有必要的。大体上污泥主要由6部分组成：（1）无毒性的有机碳化合物（大约占干重的60%），大部分来源于微生物[7]；（2）包含氮、磷的化合物；（3）有毒的无机污染物和有机污染物 [包括重金属，如Zn、Pb、Cu、Cr、Ni、Cd、Hg和As（含量变化范围从高于1000×10^{-6}到低于1×10^{-6}）；多氯联苯（PCBs）、多环芳香烃（PAHs）、二噁英、农药、烷基磺酸盐、壬基苯酚、溴化阻燃剂等]；（4）病原体及其他微生物污染物；（5）无机物，如硅酸盐、铝酸盐以及包含钙、镁的化合物；（6）水，变化范围从微量到95%以上。未处理/消化污泥的典型化学组成和特性见表1-1[8]。

表1-1 未处理/消化污泥的典型化学组成和特性

项目	未处理污泥	消化污泥
TS/%	2.0～8.0	6.0～12.0
VS/TS/%	60～80	30.0～60.0
脂肪/TS/%	6.0～30.0	5.0～20.0
蛋白质/TS/%	20.0～30.0	15.0～20.0
N/TS/%	1.5～4.0	1.6～6.0
P/TS/%	0.8～2.8	1.5～4.0
K/TS/（K_2O，%）	0.0～1.0	0.0～3.0
纤维素/TS/（%）	8.0～15.0	8.0～15.0
Fe（非硫化物）/%	2.0～4.0	3.0～8.0
Si（SiO_2）/TS/%	15.0～20.0	10.0～20.0
碱度（$CaCO_3$）/（mg/L）	500～1500	2500～3500
有机酸（HAc）/（mg/L）	200～2000	100～600
pH值	5.0～8.0	6.5～7.5

污泥处置的基本问题在于其是一种混合物，并同时含有上述所有物质，如此复杂的特性让其在处理的同时并必须兼顾所有问题成为所有处理处置方法的难题[9]。这其中，占有绝大部分的存在于无机物中的有机碳、磷和氮化合物均可以作为一种有价值的化合物[10]。可持续处理含有这些元素的物质并实现资源循

环利用，可进一步实现剩余污泥及其处理后的残渣对环境和人类负面影响的最小化。在资源化处理之前，由于运输、处置和处理效率等因素，剩余污泥通常需要进行脱水处理。与废水相比，污泥中含氮化合物的含量较低。污泥中磷的含量主要取决于废水处理的工艺类型，污水处理过程几乎浓缩全部的磷，前期研究证明，采用各种处理方法从污泥中直接回收磷也是可行的[10~12]。

可以预见，剩余污泥创新性处理处置的研究主要集中在以下三个方面：污泥中有价值组分的循环回收利用；解决污泥中的有毒物问题；合理的处理处置所需费用[13]。简言之，剩余污泥（有机物）能量回收利用技术可以进一步细化为4类：（1）剩余污泥厌氧消化产甲烷；（2）剩余污泥生产生物燃料；（3）微生物燃料电池利用剩余污泥产电；（4）以污泥作为能源和原料生产水泥和建筑材料。

1.1.2 城市污泥厌氧消化产甲烷

厌氧消化通常用于剩余污泥的稳定化，并将部分挥发性化合物转化为沼气[14,15]。沼气可以作为废水处理厂自身或者其他方面的能量来源。目前，剩余污泥厌氧消化主要应用于大中规模的废水处理厂，然而，厌氧消化处理在小型污水处理厂的应用也受到越来越多的关注。具体污泥厌氧产甲烷的条件及产量见表1-2。

表1-2 剩余污泥厌氧产甲烷综述

参考文献	条件	产量
Zhang等[14]	持续碱处理（pH=10，8d） EGSB处理发酵液	$12.43m^3CH_4/（m^3反应器·d）$
Zhang等[15]	持续碱处理（pH=10，8d）	$398mLCH_4/gVSS$
Nges和Liu[16]	中温（37℃），SRT12d 高温（50℃），SRT12d	$0.314m^3CH_4/（kgVS·d）$（标准状态下） $0.348m^3CH_4/（kgVS·d）$（标准状态下）
Guo等[17]	MEC反应器，1.4V MEC反应器，1.8V	$137mLCH_4$ $163mLCH_4$

中温（35℃）厌氧消化是目前实践应用规模最大的厌氧工艺，在厌氧消化反应器中，污泥停留时间大约为20d[16,18]。沼气的产量主要依赖于污泥类型和反应器运行条件，产气量大约为$1m^3/kg$有机物。高温厌氧消化工艺也在污泥的资源化和减量化处理中应用较广[19~21]，与中温消化相比，高温处理具有以下优势：高沼气产量；较高病原体灭活率；高有机固体降解率和较短污泥停留时间。厌氧消化技术可以使有机物减量达到大约20%~30%。采用适当的物理、化学、热、机械或者生物预处理技术可以有效地增加沼气产量，如高温热水解、微

波加热处理、超声、臭氧、酶、液体射流、碱水解、高性能脉冲技术和湿式氧化等[22~24]。预处理技术的潜力是提高厌氧生物降解效率并最终实现增加沼气产量。另外，预处理的优势还包括降低反应后需要后续处理或者填埋处理的脱水污泥的产量。为了对预处理技术的可行性进行评价，对沼气产量、总能量平衡、最终污泥量以及成本都要加以考虑和分析。厌氧消化工艺仅能部分去除有毒有机化合物，除残留的有毒有机物外，消化后污泥还含有重金属、溶解性的磷和无机物。为了获得彻底的解决方案，对消化后的污泥进一步处理是非常有必要的，如对其脱水、焚化干污泥，处理污泥上清液。然而，剩余的残渣能量回收率极低，这意味着对其进行焚烧回收能量已变得不那么具有吸引力。

1.1.3　城市污泥生产生物燃料

许多关于生物转化过程论文提及生物质可用于生产液态或气态能源。Claassen等人针对这个转化过程进行了详细的论述[25]。微生物转化过程的一般工艺方案主要集中在能源生产，主要包括以下三个阶段。第一阶段，即预处理阶段，是为了让底物更易于生物转化的阶段。基于预处理工艺的必要性，可能采用的预处理技术有蒸汽处理、酸或者碱水解、酶处理、超声处理等或者结合一种或多种方法的预处理技术。发酵阶段，即生物转化阶段，通常为优化工艺条件将其分为互相联系的两个阶段。发酵阶段结束后，进入必要的后续处理阶段。产生能源的载体类型很大程度上取决于微生物的类型和应用的工艺条件。根据微生物的类型、能量载体，可以生产如甲烷、乙醇、丙酮、丁醇或氢。在前面的论述中介绍过，这个工艺已经在世界范围内进行了大中小规模的应用。

目前，利用剩余污泥生产乙醇、丁醇或丙酮的研究较少。其中一个原因可能是由于分离这些产物需要复杂的分离系统。多数研究集中在利用剩余污泥产氢[26,27]。然而，到现在为止研究结果并不理想，考虑到产甲烷途径简单且大量的甲烷生产工艺经验，在短期内剩余污泥产氢是否会比产甲烷是否更具吸引力受到质疑。目前，在传统厌氧处理的基础上对工艺进行改进，或采用新兴工艺如微生物燃料电池处理剩余污泥产氢，受到部分研究者的关注[28,29]。

1.1.4　利用微生物燃料电池产电

在包含有可生物降解的有机物废水中可以利用微生物燃料电池直接生产电能。

图1-2为微生物燃料电池示意。基本上，微生物燃料电池由被一个阳离子交换膜分开的阳极室和阴极室组成[30]。废水中的碳水化合物等有机物在阳极室被一些特殊的微生物氧化分解。

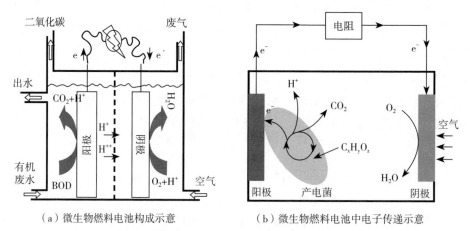

（a）微生物燃料电池构成示意　　　（b）微生物燃料电池中电子传递示意

图1-2　微生物燃料电池示意

已有证明微生物燃料电池的原理可以应用于市政污水（主要为出水）。上述试验中使用的微生物燃料电池是一种单室型微生物燃料电池。但是相对于产生电能的效率小于12%。Dentel等人研究了将微生物燃料电池应用到剩余污泥的可能性[31]。在研究中，他们采用有效体积为几升的污泥单室反应器，石墨电极放置在顶部充气（有氧）区和厌氧污泥区的底部，最大电流大约为60μA，可获得几百毫伏的电压。虽然试验的初步结果令人满意，但是工艺适用于剩余污泥的大规模处理仍然需要进行更深入的研究。这存在很多原因，其一，污泥中不是所有的有机物都是可生物降解且适于生物转化产电的。采用物理、化学或者微生物预处理污泥可以增加有机物的碎片，从而提高生物转化率。从这方面考虑，通过预处理提高污泥厌氧消化工艺中沼气产量的经验是非常有益的。污泥中含有大量的胶体粒子和聚合物，能够吸附在几乎所有类型的物质的表面，从而阻塞微生物燃料电池的内部结构。再者，这些物质会阻碍反应器中污泥物质的氧化进程。污泥中包含大量有毒的无机物和有机物，同时还含有大量无毒的无机物。由于目前针对有毒有机物的危害尚不清楚，因此仅仅采用微生物燃料电池还不能对污泥进行彻底处理，对剩余的残渣进一步处理是有必要的。应用剩余污泥直接产电的吸引力不仅取决于微生物产电工艺本身，还取决于这项工艺的污泥残渣产量和组成。

1.1.5 以污泥作为能源和原料生产水泥和建筑材料

热解是污泥（生物质）在温度为350～500℃的有氧条件下进行的高温压力过程[32]。在这个过程，污泥转化为小分子碳源、灰、热解油、水蒸气和可燃性气体。热解过程焚化部分固体、气体产物，并用在热解过程中所用的加热能量。该工艺存在的一些改进取决于所使用的设备和运行条件。气化伴随着干污泥（或生物质）转化为灰分，随着氧气的减少，可燃性气体的温度可以达到1000℃[33]。并且热处理技术包含热解和气化这两方面的结合。尽管关于剩余污泥的热解和气化的研究非常有限，很多关于生物质热解和气化的研究还是持续地进行着。热解/气化工艺在实践应用中比较成功的案例是利用剩余污泥生产可以作为燃料的油。在包含大量运行单元的工艺中，污泥颗粒在450℃的有氧条件下加热干燥，有机物转化为碳、油和不凝性蒸气。这些蒸气与碳混合转化为直链的碳水化合物，然后进一步凝结为油。碳作为气化反应器的能量来源或者用作肥料。

剩余污泥中以包含有机碳的化合物和无机化合物作为有价值物质，有几种可能有效的途径利用这些化合物。特别是在日本，大量的精力已投入到通过热凝固污泥无机化合物生产有价值的产品。这项工艺可以将焚烧灰烬、污泥燃烧后产物或者干燥污泥在高达1000℃的高温条件下固化，破坏了有毒有机化合物，废热可以同时用于污泥干燥工艺。生产如人造轻集料、矿渣和砖等多种产品取决于特殊工艺的改进和应用的运行条件。特别是日本，在这些公益运行中积累了大量经验[34]。通常，在生产工艺中能量效率不是非常高，成本很高，目前在实践应用中非常有限。另一个有利途径是利用污泥中的无机和有机化合物生产水泥[35]。这项工艺是以灰分或者干污泥为原料，已经应用于实践中。由于在高温条件下，污泥中的有毒有机污染物彻底被氧化，重金属被固定在水泥中。通常，被用作原料的灰分或干污泥的量仅占所用的原料总量的百分之几。

1.2 城市污泥预处理研究现状

剩余污泥中微生物细胞壁属于生物难降解物质，呈半刚性结构，严重阻碍了胞内有机物的溶出和水解，进一步影响了污泥厌氧消化的降解速率，因此，高效的预处理技术是污泥资源化利用的前提。

1.2.1 物理预处理

1.2.1.1 热处理

热处理早在1970年便被用于提高污泥的脱水性能。热处理一般是指将污泥温度加热到150～200℃，与之相对应的压力通常为600～2500kPa。经过热处理后的污泥，其胶体结构被破坏并释放出污泥絮体内部和细胞内部的间隙水[36]，与此同时，细胞内的有机物也随之被释放出来。

近年来，对污泥进行热处理以获得大量溶解性的易降解有机物，从而补充污水处理过程中不足的碳源成为了研究热点。同时，基于热预处理的一些商业化污泥处理工艺逐渐开发，并用于污泥的处理。例如，挪威Cambi公司开发了一套热水解系统，在180℃处理30min条件下，处理后的污泥溶胞率可达30%，相应的产气量提高150%。Veolia公司的水务子公司Krüger公司亦开发出相似的热处理装置，以BioThelys®系列出售。另外，很多研究者在采用热预处理提高污泥厌氧消化性能方面做过很多研究，采用的处理条件和主要的结果见表1-3。

表1-3 热预处理综述

参考文献	条 件	结 论
Hiraoka等[37]	60～100℃	60℃气体产生量最大
		100℃VS减少量最大（5%～10%）
Pinnekamp[38]	120～220℃	ODS降低10%～55%（WAS）
		ODS降低7%～34%（PS）
		170℃气体产生量最大 产气量与处理温度呈反比
Li和Noike[39]	62～175℃，30～60min	剩余污泥溶胞率（25%～45%），90℃溶胞率最大（170℃，60min）
Kim等[40]	121℃，30min	VS减少率提高30%
Valo等[41]	170℃，15min	TS减少率提高59%
		产气量提高92%
Ferrer等[42]	70℃，19～72h	与产甲烷呈负相关关系
		采用高温消化
		高温（110～134℃）没有任何效果
Climent等[43]	70～134℃，90min～9h	采用高温消化
		70℃，9h产气量提高50%
		高温没有效果

续表

参考文献	条件	结论
Bougrier等[44]	135～190℃	190℃甲烷产生量提高25%
Tanaka等[45]	180℃，60min	甲烷产量提高90%
		VSS减少率提高30%

污泥的热处理不应仅仅被看作是促进污泥溶解的一种方法。在微生物细胞溶解的同时，污泥的脱水性能也得到了提高，此外还达到了污泥灭菌的目的。污泥在脱水后，其热水解过程所产生的易于生物降解的有机物都溶解在水解液中，因此热处理也可以被认为是污泥稳定的一种方法。

1.2.1.2　超声预处理

利用超声波在液体中传播时产生的空化作用破解污泥絮凝体、菌胶团和细胞体。该方法可认为是多种作用效果的综合。

Tiehm和Neis等人利用31kHz、3.6kW的超声波处理污泥64s，污泥中SCOD由63mg/L增加到2270mg/L，而且使后续厌氧消化的SRT（固体停留时间）由22d缩短至8d，生物气产量明显增大[46]。F. Wang等人研究了超声破解污泥释放进入液相的组分，发现超声破解后，污泥的SCOD增加较多，溶液中的蛋白质、DNA、Ca^{2+}和Mg^{2+}浓度都相应增加[47]。Q. Wang等人研究超声波预处理污泥对厌氧消化的影响，结果发现利用9kHz、200W超声波处理污泥10～40min，破解时间在10～30min内，污泥的COD浓度、蛋白质浓度和碳水化合物浓度都随着破解时间的延长增大较快，而破解时间为40min时，污泥中各物质浓度增大趋缓；破解时间在10～30min内，厌氧消化时累计产气量增大明显，而40min时，累计产气量增大较小[48]。Tiehm和Zeilhorn等人的研究结果也证明超声破解后的污泥厌氧消化时，VS降解率由21.5%增加到33.7%，生物气产量增加了41.6%。C. P. Chu和D. J. Lee等人的研究也得到了相似的结论[49]。其他超声预处理研究见表1-4。

表1-4　超声预处理综述

参考文献	条件	结论
Yan等[50]	20kHz；10min；1.0kW/L	SCFAs产量3109.8mgCOD/L
		溶解性总蛋白质2030.9mgCOD/L
		溶解性总糖383.0mgCOD/L
Liu等[51]	28kHz；60min；pH=3.0	SCFAs产量1700mg/L
	28kHz；60min；pH=12.0	SCFAs产量3700mg/L

续表

参考文献	条　件	结　论
Shimizu等[52]	200W，1h	污泥溶胞率达80%
Wang等[48]	200W，40min	厌氧消化性能提高46%
Neis等[53]	18W/cm²	厌氧消化性能提高42.4%

1.2.1.3　机械预处理

机械预处理污泥的原理是利用剪切力来破碎微生物的细胞壁。研究表明，将污泥在87℃下剪切预处理6～10min后，其厌氧消化性能大大提高，有机物组分中的88%～90%转化为生物易降解物质。

Harrison采用高速混合球磨机破碎污泥。据报道这种球磨机可以有效地破碎污泥中的高分子有机物，但能耗较高，破碎单位质量的干污泥需要60MJ的能量[54]。高压均质器是一种应用较广的机械处理方法。在高压均质器内，污泥首先在60MPa的压力下被压缩，然后以较高的速率通过阀门，细胞被压紧环粉碎。在此过程中，微生物细胞受到了紊流作用、气穴作用和剪切作用，从而导致了细胞的解体。在能耗为30～50MJ/m³的情况下，就可以使85%的污泥破碎。

Lin等采用了化学/机械的方法来促进污泥解体。首先使CO_2在25～35MPa的压力和55℃下穿透细胞壁，渗透到细胞内部，当压力下降时，CO_2气泡会膨胀并充斥着整个细胞，随着气泡的破碎，微生物细胞也会破裂。这种方法可以使污泥中80%的微生物细胞解体。其他机械预处理研究见表1–5。

表1–5　机械预处理综述

参考文献	条　件	结　论
Rivard和Nagle[55]	剪切处理	TSS减少率提高90%
Choi等[56]	机械喷射（5～50bar）	溶解性蛋白浓度增加86%（50bar）
		VSS减少率提高50%
Baier和Schmidheiny[57]	球磨和剪切磨	VS减少率提高19%
		球径、速度、球的材料和污泥浓度都是重要参数
Kopp等[58]	旋转球磨，高压均化，剪切撕裂均化	污泥可降解性提高100%（2d）
Nah等[59]	机械喷射（30bar）	VSS减少率提高50%

注：1bar=10⁵Pa。

尽管各种机械处理方法对污泥中颗粒有机物的破碎很有效，但这些方法都需要较高的能耗，因此它们的应用受到了限制。

1.2.2 化学预处理

1.2.2.1 酸碱调节

酸碱调节处理是向污泥中加入酸或碱来促进污泥的水解，通过水解、皂化细胞壁和细胞膜上的蛋白质和脂多糖，破坏污泥的絮体结构和微生物细胞结构，使胞内物质向浓度较低的胞外环境释放，使不可溶的物质通过化学分解作用转化为可溶物质。与热处理方法需要采用的高温条件相比，酸碱调节处理只要求在常温或中温条件下进行。具体酸碱调节预处理研究见表1-6。

表1-6 酸碱调节预处理综述

参考文献	条 件	结 论
Knezevic等[62]	NaOH	对VSS降解促进作用不明显
		随着NaOH投加剂量的增加，产气量随着增加
Tanaka等[63]	NaOH，130℃	产气量增加20%
		产甲烷促进50%
Vlyssides等[64]	NaOH	厌氧消化促进60%
Valo等[41]	NaOH	总体SS减少率提高60%
Kim等[40]	130℃，NaOH，KOH，Mg(OH)₂，Ca(OH)₂	VS减少率提高30%
Carballa等[65]	CaO	对厌氧消化促进作用不明显

因为需要的pH值条件比较极端，尽管酸碱调节方法对污泥溶胞比较有效，但是在后续进一步处理时却需要中和反应，因此其应用较受限。

1.2.2.2 氧化剂

传统的氧化法是利用氧气来破碎微生物细胞，为了提高效率和反应速率，传统的氧化法常常在高温（260℃）和高压（10MPa）的条件下进行[60]，污泥中的一部分有机物会被彻底氧化为CO_2和H_2O。氧化作用会导致污泥中的颗粒性有机物溶解到液相中，因此被氧化的污泥的上清液中有机物负荷会升高。但是，腐蚀设备、高能耗和散发臭气等问题限制了传统氧化法的实际应用。20世纪90年代，湿式氧化成为了污泥氧化处理的主要手段。在荷兰建成了一座200m深的中空井，这样的深度可以保证系统内的压力。新鲜的污泥从井的内层流入，处理后的污泥则由井的外层流出，通过这样的对流方式使得热量由处理后的污泥传递给新鲜的污泥，从而实现了热交换。这样的处理方式可以获得较高的污泥溶解率和去除效率（20%的颗粒固体溶解，75%的溶解态有机物被完全氧化）。

最常用的氧化剂是过氧化物类氧化剂，氧化机理是释放出新生态原子氧，氧化菌体中的活性基团，氧化特点是作用快而强，能杀死所有微生物。常用的过氧化物类氧化剂有臭氧（O_3）、过氧化氢（H_2O_2）、过氧乙酸等（氧化电位2.8V）。由于本身的高氧化能力，有毒副产物未检测到[61]。具体过氧化物类氧化剂预处理研究见表1-7。

表1-7　氧化剂预处理综述

参考文献	条　件	结　　论
Weemaes等[61]	O_3	产甲烷量提高112%
		COD降解率64%
Battimelli等[66]	O_3	SS减少率提高22%
Goel等[67]	O_3	TS减少率提高28%
Kim等[68]	pH=11，1.6molH_2O_2	TS减少率达49%
		黏性降低69.1%
		SCOD/TCOD率57.4%
Erden等[69]	Fenton法，0.067gFe^{2+}/gH_2O_2，60gH_2O_2/DS	采用高温消化
		DS减少28.2%
		VS减少26.8%
		SS减少39.6%
		VSS减少46.3%
Appels等[70]	CH_3COOH	产气量提高21%

氧化法对污泥中有机物的去除十分有效，但是氧化法往往需要复杂的操作和极端的反应条件，如高温高压，因此对这一方法的广泛应用和反应条件的优化仍需要进一步的研究。

1.2.2.3　表面活性剂

表面活性剂的应用领域很广，比如洗涤剂、化妆品、食品、造纸、制革、石油、印染、医药、农药、胶片、金属加工、选矿等各个工业部门。近年来，关于表面活性剂在环境领域中的应用有较大的突破，而且其应用范围还在不断地拓展[71]。

表面活性剂用于剩余污泥处理的研究在国内外不多。同济大学陈银广教授[72]发现加入表面活性剂后明显改善污泥的脱水性能，并认为其机理在于表面活性剂能加快污泥的沉降速度、减少污泥颗粒间的间隙水，同时促进污泥所含的蛋白质和DNA释放到水相中。随着表面活性剂量的增加，更多的有机质从污泥表面释放到外界环境中；在一定时间范围内，释放的蛋白质和DNA的浓度随时间的延长而增大。这一机理就在于表面活性剂具有独特的性质：不但具有"两亲"即亲水亲油的性质，而且还有"增溶"作用。"两亲"作用是指表面活性剂连接于污泥表面的大分子（具有亲油性）与水分子之间，在外界搅拌力的作用下，污泥表面（胞外聚合物中）的大分子物质（如蛋白质和DNA）能够脱离污泥颗粒。增溶作用指表面活性剂使一些溶解度不大或难溶物质的溶解度增加的现象。具体表面活性剂预处理研究见表1-8。

表1-8 表面活性剂预处理综述

参考文献	条件	结论
Zhang等[73]	十二烷基苯磺酸钠（SDBS） 0.02gSDBS/gTSS剩余污泥	SCFAs产量1149.8mgCOD/L（空白246.9mgCOD/L） VSS减少率提高88.83%
Jiang等[74]	十二烷基硫酸钠（SDS） 0.1gSDS/gTSS 剩余污泥	SCFAs产量2243.04mgCOD/L（空白191.10mgCOD/L） 抑制产甲烷活性
Ji等[75]	0.02gSDBS/gTSS 混合污泥	空白SCFAs产量（118.4±5.8）mgCOD/gVSS SCFAs产量（173.9±6.6）mgCOD/gVSS
Luo等[76]	SDS0.10g/gDS， 蛋白酶0.06g/gDS	以蛋白酶为空白，溶解性蛋白提高65.1% 以蛋白酶为空白，溶解性总糖提高47.0%
	SDS0.10g/gDS， 淀粉酶0.06g/gDS	以淀粉酶为空白，溶解性蛋白提高77.0% 以淀粉酶为空白，溶解性总糖提高97.9%

虽然很多研究者在试验中发现，化学表面活性剂（主要是SDBS和SDS）加入到剩余污泥体系中，能够促进剩余污泥中颗粒态有机物的溶解、溶解态大分子有机物（蛋白质和碳水化合物）的水解以及水解后小分子有机物（氨基酸和单糖）的降解和酸化过程，降低了产甲烷菌的活性。从而使得剩余污泥厌氧发酵过程的中间产物SCFAs得以大量积累。

但是化学表面活性剂对微生物细胞具有一定程度的毒性，主要是因为它们能够溶解细胞酶、细胞受体和蛋白，导致细胞膜的生理功能紊乱或者细胞膜损伤，从而改变细胞膜的透过性能，对微生物的生长与繁殖造成危害。且化学表面活性剂本身难降解，沉积在处理后的污泥系统中，易引起二次污染。

1.2.3　生物预处理

在传统的污泥厌氧消化过程中，污泥中的颗粒态有机物先要水解为小分子有机物释放到液相后，才能被进一步转化为甲烷气体。这一颗粒态有机物转化为溶解态小分子有机物的过程就是生物水解的作用。一般说来，生物水解过程操作简单，是向污水中原位补充生物易降解碳源的最简单、最经济的方法。然而，由于生物水解污泥颗粒有机物的速率较慢，要获得满意的水解效果，常常需要较长的固体停留时间，这样造成反应池内的污泥负荷偏低。

一些学者通过加入纯菌种或相应的酶制剂来提高传统生物法水解污泥的速率。文献中报道有研究者分离出7株厌氧的高效产酸菌（*Clostridium bifermentans* DYF），并考察了它们对厌氧消化池内污泥水解和发酵的影响[77]。结果表明，这些菌株可以将污泥中50%以上的挥发性固体溶解到液相中，并将溶解态的有机物转化为有机酸（其中大部分为乙酸）。批试试验的结果显示，接种这些菌株的厌氧消化池在连续运行30d内，初始阶段的厌氧消化速率提高了20%以上，甲烷产量增加了10%。Luo等[78]考察了在污泥中投加酶制剂对污泥中颗粒态有机物的水解速率的促进作用，研究发现，由于污泥的成分复杂和酶的专一性（即一种酶只能作用于一种物质或一类物质），若要获得较高的水解效率，需要投加多种不同的酶，这样造成了操作费用的大幅度提高。

上述几种用于提高污泥中颗粒态有机物水解速率的处理方法，与传统的生物法相比具有水解效率高、水解速率快、提高污泥厌氧消化的甲烷产量等优点，然而，由于能耗高、操作费用高、腐蚀设备和极端的操作条件（如高温高压）等问题，而没有得到广泛的应用。

1.3　剩余污泥产酸发酵的研究现状

1.3.1　污泥厌氧处理的原理

厌氧消化包含三个阶段[79]：阶段1（有机物水解阶段），如胞外水解酶水解多糖、蛋白质和脂肪，这也是复杂底物消化的限速步骤[79]；阶段2（酸化阶段），水解产物进一步转化为氢、甲酸、乙酸及高分子挥发酸；阶段3（产气阶段），由氢、甲酸和乙酸转化为甲烷和CO_2的混合气体（图1-3）。其中主要参与各生物过程的微生物如图1-3所示。大分子挥发酸在进一步转化为甲烷和CO_2前首先转化为氢、甲酸和乙酸。混合微生物完成最终的甲烷转化过程，同时作为污泥中有机物减量的唯一途径。单相或者两相反应器均能完成厌氧消化过程[80]，两相反应器中的其中一相完成水解产酸过程，另外一相完成产沼气过程[81]。沼气可以作为产电或产热的能量来源。

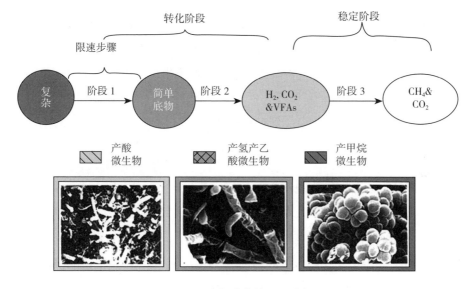

图1-3 厌氧消化的不同阶段

1.3.2 污泥厌氧发酵的影响因素

影响污泥厌氧发酵的因素很多，其中比较关键的因素有温度、pH值、固体停留时间（SRT）和碳氮比（C/N）等。

1.3.2.1 温度

与所有的化学反应和生物化学反应一样，污泥厌氧发酵同样受到温度波动的影响。水解与发酵细菌对温度的适应性很强，在温度范围10～60℃的低温、中温和高温环境中都可以生存。然而，在水解发酵过程中，颗粒性有机质的溶解和进一步中间产物（有机酸）的生成在较高的温度更有利于发生。

当污泥发酵系统的污泥龄控制在2d时，挥发酸（VFAs）的生成速率在21℃下比在14℃下提高了42%[82]。有研究者发现，在10℃、20℃及35℃下，初沉污泥厌氧发酵过程中，一级水解速率常数分别为0.038d^{-1}、0.095d^{-1}和0.169d^{-1}。而且，随着温度的升高，VFAs和溶解性化学需氧量（SCOD）的浓度都有所增加[83]。进一步研究发现，对于相同的污泥浓度［总挥发性固体（VSS），59g/L左右］，温度对VFAs的组成比例也有一定的影响。具体来讲，当发酵温度由10℃升至35℃时，VFAs中乙酸（HAc）的含量相应的升高，而丙酸（HPr）的含量则相应的下降，丁酸（HBu）的含量则基本保持不变。

相对于发酵产酸菌，产甲烷菌对温度的波动较为敏感。根据其对温度的适应性，产甲烷菌可分为两类，即中温甲烷菌（30～36℃）和高温甲烷菌（50～53℃）。利用中温甲烷菌进行厌氧消化处理的系统叫中温消化，利用高温甲烷菌进行厌氧消化处理的系统叫高温消化。要保持一定的甲烷产生率，不管是中温还是高温厌氧消化，其允许的温度变动范围仅为±（1.5～2.0）℃。当温度波动范围超过±3℃的变化时，厌氧消化速率就会受到抑制；当温度波动范围超过±5℃的急剧变化时，产甲烷过程就会突然停止，而有机酸则会大量积累[84]。

1.3.2.2 pH值

微生物对pH值的波动十分敏感，不同种群的微生物对pH值有一个适应范围。一般来讲，厌氧消化的阶段1和阶段2存在的细菌（水解与发酵细菌和产氢产乙酸菌）对pH值的适应范围为5.0～6.5，而阶段3中的产甲烷菌对pH值的适应范围较为狭窄（6.6～7.5）。在整个的厌氧消化过程中，如果前两个阶段（水解发酵和产酸阶段）的速率超过产甲烷阶段，则会导致pH值的降低，进而影响产甲烷菌的最佳生存环境。消化液有一定的缓冲作用，因此在厌氧消化系统中，这种情况可以在一定范围内避免发生。起缓冲作用的物质，主要是在有机物分解过程中产生的，即碳酸类物质（碳酸盐和CO_2）及氨类物质（以NH_3和NH_4^+的形式存在）。

研究表明，产酸菌对pH值的耐受范围相对产甲烷菌较宽，一般可以在pH值为5.5～8.5范围内生长良好，有的细菌甚至可以在pH值＜5.0的环境中生存。Elefsiniotis和Oldham的研究结果表明，厌氧消化的pH值范围在4.3～7.0，对初沉污泥的产酸发酵过程影响不大[85]。当pH值大于7.0时，则会抑制VFAs的产生。初沉污泥厌氧消化的最佳pH值为5.5～6.0，并进一步发现，pH值不管是朝酸性方向还是碱性方向移动，水解速率都相应的减小。Banerjee等在初沉污泥中加入土豆加工废水进行发酵产酸的研究中发现，当pH值低于6时可以成功地避免污泥甲烷化过程的发生，特别是在pH值为4.5左右时得到了较高的VFAs产量[86]。Gomec等研究发现，在35℃时，在连续搅拌的厌氧反应器运行过程中，将其pH值控制为6.5时，其总悬浮固体（TSS）和VSS的去除率分别为57%和72%，而在未调节pH值的反应器中，相应的去除率分别为44%和55%[87]。与此同时，pH=6.5的活性污泥的产酸速率也有较大幅度的提高。Yu等采用厌氧升流式反应器（UASB），研究了pH值对城市污泥的厌氧发酵产酸过程的影响[88]。研究发现，当pH值由4.0升到6.5时，污泥的VSS降解率降低了40%，而VFAs的浓度则从300mg/L升高到650mg/L。

以往研究者提出，厌氧消化阶段1和2中大多数细菌（水解与发酵细菌及产氢产乙酸菌）的最适pH值范围（5.0～6.5），在一定程度上，限定了后续的针对污泥厌氧发酵的研究大都局限于中性或弱酸性pH值的条件。Chen等考察了在较大pH值范围（4.0～11.0）内，剩余污泥的厌氧发酵情况。结果表明，在碱性pH值（9.0～11.0）的条件下，污泥发酵液中SCOD浓度大幅度升高，说明碱性条件较酸性条件可以更有效地促进污泥的水解。研究发现，pH值同样对VFAs的组成比例也具有一定的影响。Elefsiniotis和Oldham的研究结果表明，尽管产丙酸菌的最适pH值在6.0左右，当pH值为4.3～4.6时，有利于HPr的产生；而pH值为5.9～6.2时，对HBu的产生有较好地促进作用[89]。当pH值从7.0降至5.0时，HPr在生成的VFAs中所占的比例逐渐增加[90]。当葡萄糖厌氧发酵的pH值在4.5～8.0的范围内，HPr的含量在pH为4.5时达到最高[91]。Yu和Fang考察了乳制品废水厌氧发酵过程中pH值（4.0～6.5）的影响，结果表明，在温度为37℃，pH值＞5.5时，HAc和HBu为主要产物；pH值＜5.5时，HPr为主要产物[92]。

1.3.2.3　C/N比

与好氧处理一样，厌氧处理也需要考虑合成菌体所必需的碳、氮、磷以及其他微量元素等营养物质。一般认为，C/N比达到（10～20）：1为宜。如果C/N比过高，厌氧系统的氮含量不足，导致消化液的缓冲能力过低，pH值则容易降低；但是，氮浓度也不能过高。研究表明，若氮浓度超过4000～6000mg/L时，会导致系统中胺盐的过度积累，使得系统pH值上升至8.0以上，进而导致厌氧消化过程被部分抑制，反应速率下降，出水中HAc浓度增加。

1.3.2.4　固体停留时间（SRT）

污泥在反应器中的停留时间（污泥龄）是厌氧消化中常用的参数，其直接影响厌氧消化效果的好坏。在厌氧消化过程中，由于产甲烷菌对环境条件的变化十分敏感，且增殖缓慢，因此，要获得足够数量的产甲烷菌及稳定的厌氧消化效果就需要保持较长的SRT。很多研究者通过控制系统的SRT，使得厌氧消化过程处在发酵产酸阶段或产甲烷阶段。

Skalsky等研究了SRT对初沉污泥厌氧发酵的影响，试验中将SRT控制为

2～6d。结果表明，当SRT<5d时，随着SRT的增加，初沉污泥的VFAs产量随之增大，在SRT=5d时，VFAs的产量达到最高为0.26mgVFA/mgVSS；当SRT为6d时，VFAs浓度有所降低。Elefsiniotis和Oldham的研究表明，在SRT为10～20d时，初沉污泥的VFAs产量比其在SRT为5d时有明显的提高，且产酸速率提高了一倍。除此之外，VFAs的组成分布也受SRT的影响，当SRT由5d增加到20d时，HAc和HPr的含量随着SRT的增加而逐渐减少，HBu的含量则相应地增加。但是，无论SRT如何变化，初沉污泥厌氧发酵产生的VFAs的主要组分仍为HAc和HPr，且二者之和占VFAs产量的80%左右。

Elefsiniofis同样发现，VFAs的组分分布受到SRT的影响，特别是当SRT为10d时，其中 iso-HBu，n-HVa，3-甲基丁酸和2-甲基丁酸的百分含量显著增加。Mahmoud等考察了初沉污泥在不同SRT下水解和酸化的程度，当温度为25℃时，SRT分别为10～30d时，SCOD占进水中TCOD的比例分别为23.85%～42.10%，而酸化的有机物所占的比例为22.42%～41.62%[93]。由此可见，较长的SRT更有利于污泥的水解酸化，进一步增加SRT并不能使得其酸化程度提高，相反，过长的SRT更有利于产甲烷过程。

1.3.2.5 污泥粒径

污泥粒径是影响污泥水解酸化速率的因素之一。污泥粒径越大，单位质量有机物的比表面积越小，水解速率也越小。文献报道了粒径对污泥水解过程的影响（以可生物降解纤维素为代表性物质），结果表明，当污泥系统pH值为5.6时，粒径越小，水解液中SCOD浓度越高，说明水解速率越大。

第2章

提高污泥溶胞和酸化性能的
预处理方法及策略

2.1 概述

剩余污泥作为污水处理厂产生的主要固体废弃物，2008年，国内累积产量（含水率80%）已经高达1800万吨，而且平均增长率也已超过10%。目前，污泥处理的费用已占污水处理厂总处理费用的25%~40%。同时，污泥处置也受越来越严格的法律法规约束。为了解决这些潜在的问题，近年来，将污泥作为有价值的资源而非废弃物采用生物技术进行处理越来越受关注。

传统厌氧污泥处理的缺点在于微生物转化率低和水力停留时间长。前期研究证实，如果污泥中颗粒性有机质没有得到适宜的破碎预处理，污泥中只有30%~50%的总化学需氧量（TCOD）或者挥发性固体（VS）会在30d内被降解[94]。因此，经济有效的预处理技术是污泥资源化处理的前提。目前，众多预处理方法已经开发并应用于剩余污泥处理中。

本章讲述了双频率超声和两种生物表面活性剂（鼠李糖脂和皂苷）三种新型剩余污泥预处理方法，考察了这几种预处理方法对剩余污泥中有机物的溶出、颗粒有机物的破碎及对后续发酵产酸过程中碳源（短链挥发性脂肪酸，SCFAs）转化的影响。为进一步考察发酵过程中预处理技术对碳源转化的促进作用机理，胞外水解酶活性和病原体灭活等指标也进行了观测。

2.2 超声预处理

2.2.1 超声频率对污泥溶胞率及颗粒性有机物溶出的影响

污泥有机质主要存在于细胞内部和聚合与胞外聚合物中。目前已经证实，污泥有机质的水解是厌氧消化处理的限速步骤[95]。超声预处理能够使得胞内和胞外聚合有机质释放到液相中。本章中，采用SCOD浓度的变化和LR（溶胞率）来表征超声预处理对剩余污泥的破解程度。

表2-1为各试验组物化预处理中剩余污泥水解率的变化情况。显然，超声预处理的试验组中SCOD的浓度有较大程度地提升，表明剩余污泥中颗粒有机质被破碎进而释放到液相中，这主要是超声处理产生的"空穴"效应所引起的。双频率超声释放的SCOD浓度明显高于单频率超声。具体来讲，28kHz+40kHz双频率超声处理后，SCOD浓度增长到10810mgCOD/L，分别是28kHz和40kHz单频率超声处理组的1.53倍和1.44倍，而未经任何预处理的污泥中SCOD浓度仅为363mgCOD/L。这也说明双频率超声超声对污泥的破解效果明显优于单频率超声预处理。这主要有两方面原因：（1）双频率超声主要有两个频率超声同时作用，相比较单个频率超声能够产生更多的"空穴"气泡，增大产生"空穴"效应的体积；（2）两个不相同的超声频率能够产生非对称"空穴"气泡崩溃现象，形成的高速微型喷射力能够增强冲击波强度，进而对细胞壁产生破解效果。

因为污泥初始浓度（TCOD）在各个反应器中是相同的，双频超声预处理试验组LR明显高于单频率试验组。从表2-1中可以看出，超声频率28kHz、40kHz和28kHz+40kHz处理的污泥，LR值分别为23.3%、24.7%和35.7%。相对而言，对照组1的LR值为1.2%；对照组2为9.7%。污泥中不同成分的溶解性在预处理后的改善，一方面随着污泥中残留的未分解有机质溶解和微生物细胞物质的融出和水解，可溶性的有机质从固相转移到液相，提高了液相中可溶性物质浓度，如可溶性蛋白质和可溶性碳水化合物浓度增加，另一方面减少了固相中不可溶的物质。从分析得知，超声处理后剩余污泥的水解率相较未处理的剩余污泥得以明显的增大，有效地破坏污泥菌胶团及微生物细胞结构，释放内部包含的水与有机物质，使污泥体系液相中的有机物成分含量增加，为后续的产酸过程提供更多的底物。

表2-1　超声频率对剩余污泥SCOD溶出及LR的影响

样品	SCOD/（mgCOD/L）	LR值
对照组1	363	1.2
对照组2	2937	9.7
40kHz	7489	24.7
28kHz	7045	23.5
28kHz+40kHz	10810	35.7

注：对照组1为无pH组调节和无超声预处理的试验组；对照组2为无超声预处理但进行pH组调节的试验组。

超声对污泥的破解作用，既可以破解污泥絮体，菌胶团也可以进一步破解细胞体，为了确认超声对细胞体的破坏作用，有必要考察胞内的有机质溶出情况[75]。因为蛋白质和碳水化合物是污泥的主要组成物质[96]，这部分试验主要针对溶解性、胞外聚合及胞内释放的蛋白质和碳水化合物浓度之间的关系进行分析。图2-1和图2-2为超声频率对剩余污泥体系中不同部分的总碳水化合物和蛋白质含量

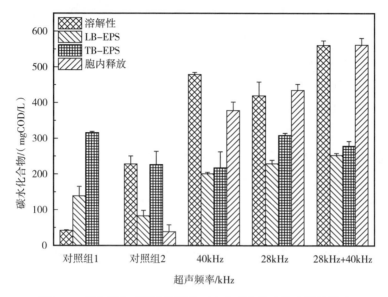

图2-1　超声频率对剩余污泥体系中总碳水化合物含量的影响

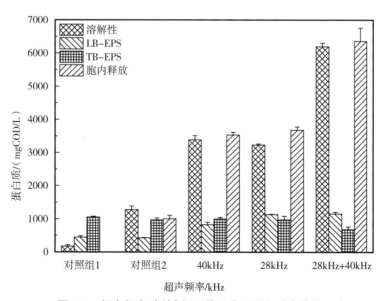

图2-2　超声频率对剩余污泥体系中总蛋白质含量的影响

的影响。微生物附着的胞外聚合物（EPS）主要由TB层（Tightly bound，紧密黏附）和LB层（Loosely bound，松散黏附）构成[97]。从两图中可以看出，原泥中碳水化合物和蛋白质主要分布在TB-EPS层（316mgCOD/L和1056mgCOD/L），少量存在LB-EPS层中（139mgCOD/L和445mgCOD/L），上清液中含量极少（42mgCOD/L和173mgCOD/L）。超声预处理后，大量溶解性有机质释放到液相中。超声频率28kHz+40kHz、40kHz和28kHz处理的污泥，溶解性碳水化合物浓度分别为561mgCOD/L、479mgCOD/L和419mgCOD/L，相应的蛋白质浓度为6197mgCOD/L、3386mgCOD/L和3237mgCOD/L。

超声预处理后，胞外聚合的碳水化合物和蛋白质浓度在TB-EPS层中明显有所下降，但是在LB-EPS层中确上有所增加。主要原因有两方面。一是EPS呈现有流变性的双层结构，TB位于内层，与细胞表面结合较紧，稳定地附着于细胞，具有一定外形。因为超声"空穴"效应的破解效果，TB-EPS层中胞外聚合有机质得到释放，从而使得有机质浓度降低。另外，LB位于TB外层，具有比较疏松的结构，也被认为是可向周围环境扩展、无明显边缘的黏液层，密度小，具有流变特性。总体来说，LB层受这两部分作用较少。而且，由于其易吸附的特性，胞内释放和TB-EPS层剥离的有机质极易吸附到该层中，从而造成有机质浓度的增加。

从两图中也可以看出，超声频率28kHz、40kHz和28kHz+40kHz预处理剩余污泥中，液相中溶解性碳水化合物和蛋白质增加的量明显高于EPS中附着性有机质剥离的量。这可以可以证明超声处理能够破碎微生物细胞体，使胞内内容物溶出，为后续产酸过程提供更多的底物。超声频率28kHz+40kHz、40kHz和28kHz处理的剩余污泥中，胞内释放的碳水化合物浓度分别为562mgCOD/L、435mgCOD/L和378mgCOD/L，相应的蛋白质浓度为6359mgCOD/L、3533mgCOD/L和3680mgCOD/L。显然，双频超声预处理对剩余污泥的破解效果要优于单频率超声预处理。

2.2.2　超声频率对短链挥发酸产量及分布的影响

2.2.2.1　挥发酸产量的影响

图2-3为超声频率对挥发性脂肪酸产量的影响。从该图中可以看出，随着发酵时间的增加，超声频率28kHz、40kHz和28kHz+40kHz处理的剩余污泥发酵体系中，挥发酸产量均不断增加，后随着发酵进程的进行，产生的挥发酸被产甲烷菌

消耗而不断下降。超声频率28kHz、40kHz和28kHz+40kHz处理的剩余污泥，分别在发酵时间3d、5d和3d时，总短链挥发酸（SCFAs）累积量达到最大，最大累积量分别为6053mgCOD/L、5809mgCOD/L和7587mgCOD/L（如表2-2所列）。对照组1在发酵时间9d时，SCFAs累积量最大（1545mgCOD/L）；对照组2在发酵时间5d时，SCFAs累积量最大（3161mgCOD/L）。从结果可以看出，采用超声预处理剩余污泥可以明显提高体系中挥发酸的累积量且耗费较短的发酵时间。

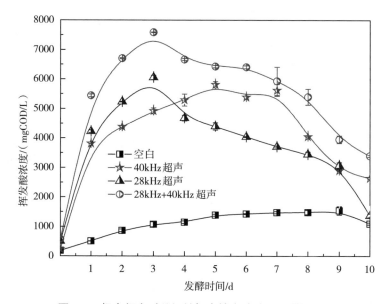

图2-3　超声频率对总短链挥发性脂肪酸累积量的影响

表2-2　不同频率预处理剩余污泥中最高挥发酸产量及发酵时间

样品	最高挥发酸产量/（mgCOD/L）	发酵时间/d
对照组1	1545	9
对照组2	3161	5
40kHz	5809	5
28kHz	6053	3
28kHz+40kHz	7587	3

因为碱的化学破解效果，对照组2的挥发酸产量（3161mgCOD/L）较对照组1高（1545mgCOD/L），而且发酵时间也有所缩短（5d/9d）。该结果证实碱的调节作用可以促进剩余污泥产酸过程，同样的现象也被其他研究者报道过[98]。同时，也可以看出，28kHz的超声处理可以缩短SCFAs累积所需的时间，而且最高挥发酸产量（6053mgCOD/L）也高于40kHz超声处理所产酸量（5809mgCOD/L），这可

能是由于28kHz与微小气泡（空化核）振动的频率相近，使空化核产生共振现象，提高其振动生长、聚集声场能量的速度，缩短其达到阈值能量的时间。

表2-3为不同预处理下污泥产酸量的对比。Yuan等和Zhang等研究了pH值对剩余污泥常温、中温和高温发酵的影响，研究结果表明挥发酸产量在碱性条件下得到一定程度地提高。但其所需发酵时间仍然很长（No.3和No.4），且持续的碱性条件不仅需要大量过氧化钠的投加而且增加了运行成本。只有少量研究超声预处理对剩余污泥碳源转化的影响（No.5和No.6）。虽然SCFAs产量有一定程度地提高，但是产酸效率受较高能量投入的限制。No.7和No.8显示了其他预处理技术对污泥产酸的影响，化学试剂的投入和较长的发酵时间，结果亦不太理想。采用的双频超声预处理所产酸量明显高于其他研究（No.9）。

表2-3 污泥发酵产生的挥发酸浓度比较

序号	污泥种类	预处理方法及参数		发酵参数			挥发酸产量	参考文献
				pH值	SRT/d	温度/℃		
1	初沉污泥	—		–	6	21±1	884mgCOD/L	[75]
2	混合污泥	—		–	6	21±1	1231mgCOD/L	
3	剩余污泥	—		10	8	21±1	2771mgCOD/L	[98]
4	剩余污泥	—		9	5	35±2	3844mgCOD/L	[99]
		—		8	9	55±2	4748mgCOD/L	
5	剩余污泥	超声	20kHz；10min；1.0kW/L	10	3	21±1	3110mgCOD/L	[50]
6	剩余污泥	超声-酸	28kHz；60min；pH=3.0	6	10.5	35±2	1700mg/L	[51]
		超声-碱	28kHz；60min；pH=12.0	6	10.5	35±2	3700mg/L	
7	剩余污泥	SDBS	20mg/gTSS	–	6	35±2	3130mgCOD/L	[100]
8	剩余污泥	超声	28kHz+40kHz；10min；0.5kW/L	–	3	35±2	7587mgCOD/L	本研究

2.2.2.2 挥发酸组分的影响

图2-4为各试验组SCFAs累积量最大时，单短链挥发性脂肪酸占总挥发性脂肪酸百分比的对比图。乙酸是工业生产中重要的化学试剂，而且也是很多生物过程的重要底物，如产甲烷过程、营养物去除及生物聚合物合成等。超声频率28kHz+40kHz预处理后剩余污泥，发酵3d时，乙酸含量最高（3992mgCOD/L），约占SCFAs的52.6%，是28kHz（46.7%，3d）和40kHz（43.4%，5d）预处理的1.41倍和1.58倍。Yuan等研究发现pH值为10条件下，发酵4d时，乙酸占挥发酸的比例

为43.0%；而发酵20d时，比例增长到53.8%。本研究乙酸含量得到较大程度地提升，并且所需发酵时间较短。从图2-4中可以看出，超声预处理的试验组中，乙酸含量最多，其次是丙酸、异戊酸（与其他研究者得出的结论一致）。所不同的是，空白组中挥发酸顺序变成：丙酸＞乙酸＞异戊酸。Yan等研究发现超声预处理（20kHz）剩余污泥挥发酸比例顺序为：乙酸＞异戊酸＞丙酸。挥发酸比例顺序的变化可能是因为超声处理所采用不同的频率导致，这也能决定机械和化学破解强度；研究采用的污泥来源也会影响颗粒有机质水解的类型，进而决定后续产酸的类型[101]。

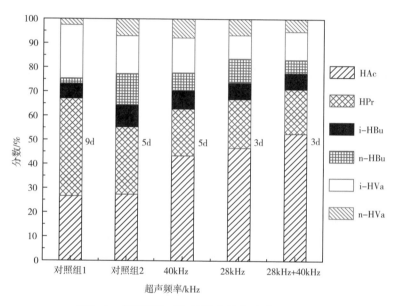

图2-4　超声频率对短链挥发性脂肪酸分布的影响

2.2.2.3　挥发酸组分间的转化

从图2-5中可以看出，超声预处理的试验组中，丁酸/乙酸和戊酸/乙酸的比值均明显低于pH调节试验组（对照2）。显然，超声预处理组中，更多的丁酸和戊酸被产氢产乙酸菌（HPA）转化成乙酸。这也可以通过乙酸和丙酸（丙酸和戊酸的降解产物）含量的增加来进一步证实。具体丁酸和戊酸转化方程为：

$$CH_3CH_2CH_2COOH+2H_2O \longrightarrow 2CH_3COOH+2H_2 \tag{2-1}$$

$$CH_3CH_2CH_2CH_2COOH+2H_2O \longrightarrow CH_3CH_2COOH+CH_3COOH+2H_2 \tag{2-2}$$

然而，丁酸和戊酸的转化量在不同频率超声预处理的试验组中有明显的区别。具体来讲，超声频率40kHz、28kHz和28kHz+40kHz预处理污泥中，丁酸比例分别为14.9%、16.4%和12.1%，相对应的戊酸比例为22.3%、16.5%和16.8%。双频超声预处理污泥中，丁酸和戊酸的转化量明显高于单频率超声。

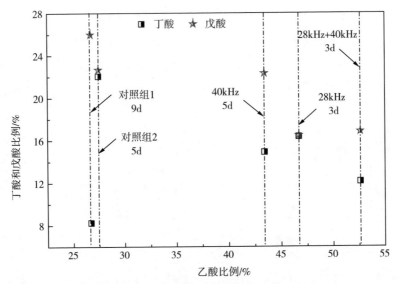

图2-5　超声频率对挥发酸组分间转化的影响

2.2.2.4　酸化率的影响

本研究计算酸化率所采用的公式为：SCFAs/TCOD × 100%，图2-6为各试验组发酵过程中酸化率的变化情况。

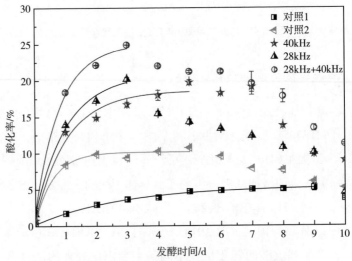

图2-6　超声频率对发酵过程中剩余污泥酸化率的影响

研究发现，各试验组的酸化率均随着发酵时间的增加而增加。超声频率28kHz、40kHz和28kHz+40kHz处理的污泥在后续的生物强化水解3d、5d和3d时，相应的酸化率达到最大，最大酸化率分别为20.2%、19.7%和24.9%。双频率超声处理试验组（28kHz+40kHz）较单频率超声试验组（28kHz和40kHz）的酸化率分别提高了4.7%和5.2%。对照组1在生物强化水解9d时，酸化率最大（5.3%）；对照组2在生物强化水解5d时，酸化率最大（10.7%）。结果说明，超声预处理能够明显提升剩余污泥的酸化程度。

表2-4是各试验组增长期线性增长函数。从表中可以看出，超声预处理后挥发酸的累积增长速率远大于未经过任何处理的对照组。这是因为超声物化预处理可以有效破坏污泥菌胶团结构，释放内部包含的水与有机物质；通过产生的空穴作用，在溶液形成、生长和破裂微气泡，一次压碎细胞壁，释放出细胞内所含的水分和细胞质，给后续的产酸阶段提供了更多的底物。产酸发酵微生物在充足的底物环境中，能够保持较快的速度将超声物化水解后的单糖、氨基酸和长链脂肪酸分解成短链挥发性脂肪酸。

表2-4　各试验组增长期线性增长函数

样品	线性拟合曲线	R_2	k（d^{-1}）	F Value	Prob>F
对照1	$R=5.44-5.23\exp（-0.351t）$（$t\leqslant9d$）	0.9900	0.351	3059.98	5.04E-11
对照2	$R=10.16-9.61\exp（-1.677t）$（$t\leqslant5d$）	0.9754	1.677	521.59	1.54E-4
40kHz	$R=18.59-17.63\exp（-0.953t）$（$t\leqslant5d$）	0.9573	0.953	272.29	4.06E-4
28kHz	$R=20.85-19.14\exp（-0.955t）$（$t\leqslant3d$）	0.9902	0.955	305.75	0.04
28kHz+40kHz	$R=25.07-23.14\exp（-1.194t）$（$t\leqslant3d$）	0.9934	1.194	463.46	0.03

注：k代表增长率，FValme代表F检验的统计量，Prob>F代表事件发生可能性大于F的概率。

2.3 微生物衍生型生物表面活性剂

2.3.1 挥发酸产量和组成影响

图2-7是不同鼠李糖脂投加量对污泥挥发酸产量及组分的影响。从图2-7（a）可以看出，鼠李糖脂的投加对剩余污泥酸化效能有明显的促进作用。VFAs产生量在发酵96h之前迅速增加，但是投加量>0.02g/gTSS的试验组，VFAs产量随着发酵时间的增加变化不大。对于投加量<0.02g/gTSS的试验组及对照组，VFAs产量则随着发酵时间的增加而逐步减少。发酵96h时，鼠李糖脂投加量分别为0.005g/gTSS、0.02g/gTSS、0.04g/gTSS、0.06g/gTSS、0.08g/gTSS和0.10g/gTSS试验组的

挥发酸产量为（1358±145）mgCOD/L，（2983±2）mgCOD/L，（83840±8）mgCOD/L，（33582±19）mgCOD/L，（93947±90）mgCOD/L和（4122±48）mgCOD/L，而对照组的挥发酸产量仅为（905±259）mgCOD/L。显然，挥发酸产量增加率在鼠李糖脂投加量＞0.04g/gTSS时并没有持续的增加。因此，对于剩余污泥产酸，鼠李糖脂的最优投加量为0.04g/gTSS，相比较对照组挥发酸产量增加了3.24倍。

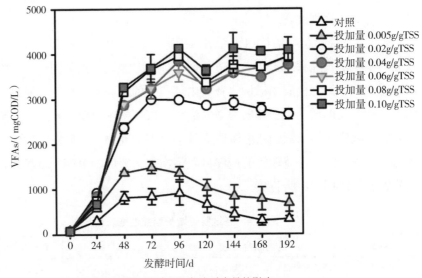

（a）不同投加量对剩余污泥挥发酸产量的影响

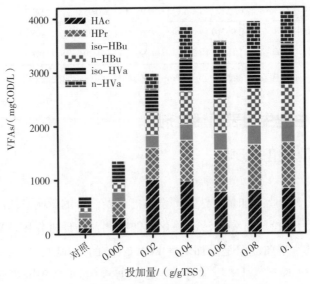

（b）不同投加量对剩余污泥挥发酸组成的影响

图2-7　不同鼠李糖脂投加量对剩余污泥挥发酸产量及组成的影响

不同鼠李糖脂投加量下挥发酸组成分析见图2-7（b）。发酵96h，当鼠李糖脂投加量较低（<0.04g/gTSS）时乙酸含量得到明显的提升。相比而言，对照组中异戊酸含量最多，其次是丙酸和乙酸。利用鼠李糖脂对剩余污泥进行处理，各挥发酸含量均有不同程度地增加。显然，乙酸和丙酸提升幅度较大，这对后续的生物过程较为有利，比如生物营养物去除过程、生产沼气和合成生物聚合物。Wang等研究显示不管用哪种预处理方法（超声、热和冻融）对剩余污泥进行预处理，前三种挥发酸顺序均为乙酸＞丙酸＞异戊酸[102]。Appels等研究发现剩余污泥采用过氧乙酸（PAA）氧化处理（80gPAA/kgDS）后，挥发酸产量顺序为：乙酸＞丁酸＞异戊酸[103]。Yan等研究发现超声预处理污泥发酵产生的挥发酸中，乙酸含量最高，其次是异戊酸和丙酸。Jiang等发现SDBS化学表面活性剂处理后（0.02g/gTSS，6d），挥发酸顺序为：乙酸＞丙酸＞异戊酸[104]。他也研究得出SDS处理后（0.1g/gTSS，6d），挥发酸顺序为：乙酸＞异戊酸＞丙酸[105]。然而，本研究中鼠李糖脂处理后剩余污泥挥发酸顺序确有所不同。前三位挥发酸顺序为：乙酸（25%±0.6%）＞丙酸（20%±0.1%）＞正丁酸（16%±0.1%）。显然，预处理方法不仅影响剩余污泥中挥发酸的产量，而且对组分也有较大的影响。

2.3.2　颗粒性有机物的水解

蛋白质和碳水化合物是剩余污泥的主要组成物质，因此考察鼠李糖脂（RL）的投加对剩余污泥颗粒性有机物的增溶和水解作用，可以通过考察液相中溶解性碳水化合物和蛋白质的浓度来衡量（图2-8）。

从图2-8中可以看出，随着鼠李糖脂投加量的增加，溶解性碳水化合物和蛋白质浓度逐渐增加。随着发酵过程的进行，溶解性碳水化合物和蛋白质浓度先逐渐增大后逐渐减少。发酵72h，溶解性蛋白质浓度达到最大值，鼠李糖脂投加量为0.005g/gTSS、0.02g/gTSS、0.04g/gTSS、0.06g/gTSS、0.08g/gTSS和0.10g/gTSS的试验组，蛋白质浓度分别为（1765±193）mgCOD/L、（2106±25）mgCOD/L、（2371±2）mgCOD/L、（2418±22）mgCOD/L、（2894±18）mgCOD/L和（3493±16）mgCOD/L。与此对比，未投加鼠李糖脂的剩余污泥，溶解性蛋白质最大值为（1050±8）mgCOD/L。进一步发现可以看出，溶解性蛋白质的浓度与鼠李糖脂的投加量呈正比，y溶解性蛋白质$=16409×RL+1677$，$R^2=0.95$。溶解性碳水化合物的浓度在发酵48h达到最大值，自空白组的（48±5）mgCOD/L线性增长到（566±19）mgCOD/L（鼠李糖脂投加量0.1g/gTSS）（y溶解性碳水化合物$=$

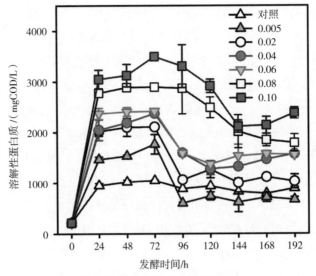

（a）投加量对溶解性蛋白质的影响

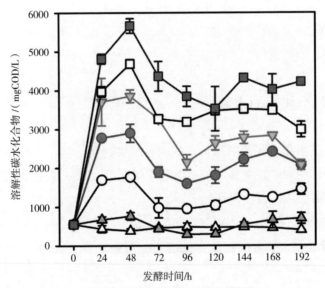

（b）投加量对溶解性碳水化合物的影响

图2-8 鼠李糖脂投加量对颗粒性有机物水解的影响

$5058 \times \text{RL} + 69.86$，$R^2 = 0.99$）。溶解性有机物浓度的增大，可以证明鼠李糖脂的投加对剩余污泥中颗粒性有机物的水解有明显的促进作用。

鼠李糖脂通过降低固液相之间的表面张力，增加固相有机物向液相的溶解度。鼠李糖脂亦可改变微生物细胞壁结构，自细胞壁上剥离胞外聚合物质和其他细菌聚合物。研究报道，17%的 L-亮氨酸-氨基肽酶、5% α-葡糖苷酶、23%蛋白酶和44% α-淀粉酶活性与微生物絮体中松散附着层胞外聚合物相关[106]。鼠李糖脂通过剥离细胞壁上的胞外聚合物，释放其中固定的胞外水解酶到液相中，从而使得溶解性蛋白质和碳水化合物浓度的增加。

2.3.3   胞外水解酶活性及挥发酸累积机理解析

从图2-9中可以看出，以鼠李糖脂投加量为0.04g/gTSS为例，发酵96h时鼠李糖脂处理后的剩余污泥中蛋白酶和α-葡糖苷酶的活性明显高于未处理的污泥。蛋

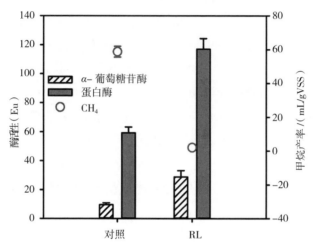

（a）投加量对胞外水解酶活性及产甲烷的影响

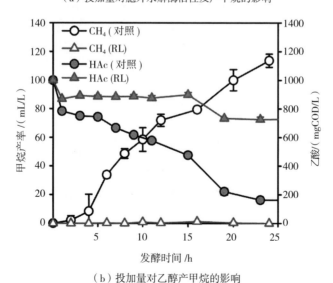

（b）投加量对乙醇产甲烷的影响

图2-9   鼠李糖脂的投加对胞外水解酶活性及产甲烷（0.04g/gTSS，4d）
和乙酸产甲烷的影响（0.04gRL/gAc）

白酶和α-葡糖苷酶的活性分别为（117±7）Eu和（29±4）Eu，分别较空白组提高了98.3%和196.9%。鼠李糖脂的加入大大促进了剩余污泥水解过程。这也可以进一步证明前面的结论：鼠李糖脂能够剥离胞外聚合物固定的水解酶并将它们释放到溶液中，这也间接导致了溶液中溶解性蛋白质和溶解性碳水化合物浓度的增加。

通常，水解、产酸和产甲烷均发生在污泥发酵过程中。挥发酸作为产酸过程的产物，也是后续产甲烷过程的底物，能够容易被产甲烷菌利用。但是，本研究发现，这个一般规律并不适用于鼠李糖脂处理的剩余污泥厌氧处理过程。这也是此研究最重要的发现之一。从图2-9（a）可以看出，鼠李糖脂处理的剩余污泥发酵过程中，发酵192h，累积产甲烷量仅有2.0mL/gVSS，而空白组产甲烷量高达58.8mL/gVSS。这个发现同样适用于鼠李糖脂投加量＞0.04g/gTSS的试验组。同样，这样的结果也可以通过纯乙酸盐底物来证明。图2-9（b）为以乙酸钠为配水，鼠李糖脂的加入对乙酸浓度及甲烷产率的影响。在鼠李糖脂处理的试验组甲烷产率几乎为零，而对照试验组的累积甲烷产率高达（114±5）mL/L，从这里也可以进一步证明鼠李糖脂对产甲烷菌的抑制性。从这个试验也可以发现，产酸菌在整个过程中并没有受到影响。正是因为鼠李糖脂对水解酶活性的促进，致使产酸过程中底物的增加，而又因为对产甲烷过程的抑制，使得剩余污泥酸化性能明显得到提升。

为了更确切地证明这个结论，本研究也考察了鼠李糖脂的投加（0.04g/gTSS）对pH值的影响（图2-10）。众所周知，绝大部分产甲烷微生物事宜生长的pH值范围为6.8～7.2（如图2-10灰色部分显示），最佳pH值在7.0左右。鼠李糖脂处理后的剩余污泥发酵体系pH值在该范围之内，因此，产甲烷菌活性并没有受pH值变化的影响，而是受鼠李糖脂加入所影响。很多研究者采用化学表面活性剂对剩余污泥进行处理时，也得到了相同的结论。Jiang等研究发现在SDS和SDBS存在的情况下，产甲烷活性明显受到了抑制。在SDS投加量范围0.1～0.3g/g时，发酵21d甲烷抑制率从50%迅速增大到100%。SDBS投加量范围在0.05～0.10g/gTSS时，累积甲烷产率从10mL/gVSS降低到8mL/gVSS，产甲烷延滞期也从8d增到12d，而对照组累积甲烷产率高达65mL/gVSS。此外，很多研究者通过开发相应的剩余污泥预处理方法来抑制产甲烷菌活性来累积挥发酸。Yang等研究发现β-环糊精的处理可明显抑制污泥厌氧产甲烷阶段，在β-环糊精投加量为0.2～0.3g/gDS时，产甲烷率自9%（体积分数，下同）降到5%，而对照组产甲烷率高达36%[107]。

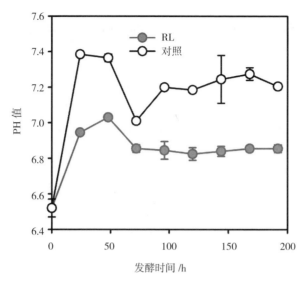

图2-10　鼠李糖脂的投加（0.04g/gTSS）对pH值的影响

2.3.4　鼠李糖脂的可行性及原位合成分析

上述研究结果证明鼠李糖脂预处理对于剩余污泥发酵过程中短链挥发性脂肪酸转化的可行性。表2-5比较了文献中报道的表面活性剂预处理工艺对剩余污泥发酵产酸的情况。从表中可以看出，相比较其他化学表面活性剂，鼠李糖脂能明显地促进剩余污泥中挥发酸的产量。鼠李糖脂（投加量0.04g/gTSS）预处理得到的最高产酸量为（321.0±16.9）mgCOD/gVSS，能够与Zhang等采用SDBS（0.02g/gTSS）处理污泥得到的挥发酸产量（0.02g/gTSS）持平，这也是采用表面活性剂处理剩余污泥中温发酵条件下获得的最高挥发酸产量。

表2-5　不同表面活性剂预处理剩余污泥挥发酸产量的比较

表面活性剂（投加量）	发酵过程	挥发酸产量/（mgCOD/gVSS）	参考文献
SDS（0.1g/gTSS）	21℃，6d	235.4	［105］
SDBS（0.02g/gTSS）	21℃，6d	240.6	［104］
SDS（0.10g/gDS）	50℃，6d	188.9	
SDS+水解酶	50℃，7d	240.8	［108］
SDBS（0.02g/gTSS）	35℃，6d	313	［100］
	55℃，6d	260	
鼠李糖脂（0.3g/gDS）	30℃，2d	222	［109］

续表

表面活性剂（投加量）	发酵过程	挥发酸产量/（mgCOD/gVSS）	参考文献
鼠李糖脂（0.04g/gTSS）	35℃，4d	321.1	本研究
	35℃，2d	240	

　　作为一种生物表面活性剂，鼠李糖脂具有易被生物降解的特性。由于不排除生成的一部分SCFAs是由鼠李糖脂生物降解而成的可能性，因此考察发酵系统中鼠李糖脂浓度的变化对于衡量剩余污泥系统SCFAs产生量尤为重要。图2-11为剩余污泥发酵过程中鼠李糖脂浓度的变化情况。从图中可以看出，鼠李糖脂浓度在整个发酵过程中并没有降解，而有所提升。鼠李糖脂投加量较低时（<0.04g/gTSS），鼠李糖脂浓度随着发酵时间的增加逐渐增加，在96h发酵时间后逐渐平缓。以鼠李糖脂投加量0.04g/gTSS试验组为例，在发酵时间96h时，液相中鼠李糖脂浓度达到（1312±7）mg/L，是发酵初始投入的1.49倍［（880±92）mg/L］。当鼠李糖脂投加量较高时（>0.04g/gTSS），鼠李糖脂浓度随着发酵时间的增加，先明显降低后迅速升高（96h以后）。以鼠李糖脂投加量0.10g/gTSS试验组为例，在发酵时间96h时，液相中鼠李糖脂浓度达到（2382±65）mg/L，是发酵初始投入的1.08倍［（2199±122）mg/L］。之所以鼠李糖脂的浓度没有降低反而升高，一方面，因为剩余污泥系统主要是由微生物组成，絮凝体结构使得鼠李糖脂投加量较高时先吸附于微生物絮凝体内部，随着鼠李糖脂的表面活性和乳化性能将微生物絮体胞外

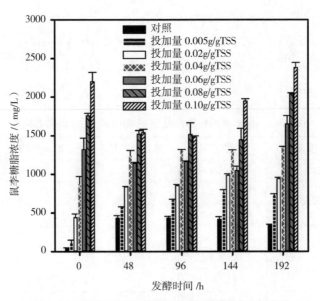

图2-11　剩余污泥发酵过程中鼠李糖脂浓度的变化

聚合物剥离到液相中，鼠李糖脂的浓度开始升高。另一方面，鼠李糖脂主要是由假单胞菌属发酵合成，剩余污系统的假单胞菌利用鼠李糖脂剥离到液相中的有机物进一步发酵合成鼠李糖脂，这也是鼠李糖脂投加量较低时（<0.04g/gTSS）及对照组鼠李糖脂浓度较刚投加时高出很多的原因。虽然鼠李糖脂在对照组和低浓度投加试验组（<0.04g/gTSS）中也可以原位合成，但是浓度较低使得对剩余污泥产酸效能的影响比较低微（图2-7）。

鼠李糖脂浓度的增加进一步可以证实，挥发酸产量的增加是由鼠李糖脂投加到剩余污泥系统中所带来的对生物作用的促进，而不是自身的降解。更重要的是，极有可能在污泥发酵过程中原位合成鼠李糖脂，这是区别于化学表面活性剂的一个重要的优点。众所周知，经济性是生物表面活性剂应用的一个重要的瓶颈。现在已经证实鼠李糖脂生物表面活性剂能够采用众多比较低廉的原材料合成，包括植物衍生性油脂、油脂废弃物、淀粉加工废弃物及酿酒废弃物等[110]。较低的生产投入和原位合成应该可以推动鼠李糖脂应用于剩余污泥处理中。

2.4 植物衍生型生物表面活性剂

2.4.1 剩余污泥厌氧水解过程的强化作用

图2-12为皂苷（SB）投加量对水解产物和无机物溶出以及对胞外水解酶活性（0.20gSB/gTSS）的影响。

皂苷预处理对污泥絮体中颗粒性有机物的水解速率有明显的促进作用。随着皂苷投加量的增加，溶解性蛋白质和碳水化合物的浓度也随着增加，直到投加量>0.20g/gTSS时，增加趋势逐渐变缓［图2-12（a）］。发酵时间48h时，溶解性蛋白质和碳水化合物浓度（0.20gSB/gTSS）分别为（2029±28）mgCOD/L和（343±52）mgCOD/L，是未经皂苷处理试验组的4.77倍和5.87倍。这个结果也跟相应的水解酶活性一致：蛋白酶活［（218±22）Euvs（58±21）Eu］和α-葡萄糖苷酶［（16±3）Euvs（9±1）Eu］［图2-12（b）］。

皂苷预处理对剩余污泥发酵系统中蛋白质的降解也有明显的促进作用，这也可以间接通过氨氮（蛋白质降解的产物）含量的增加来证实。从图2-12（a）可以看出，氨氮释放量随着皂苷投加量的增加而逐渐增加。以0.20gSB/gTSS试验组为例，释放的氨氮浓度达到29.2mg/L，相比较空白组增加了91.10%。这个趋势也跟蛋白质溶出的趋势相一致。目前发酵系统里测到的蛋白质浓度为溶出和降解后的平衡数值，溶解性蛋白质浓度的增加也说明皂苷预处理导致的实际蛋白溶出量

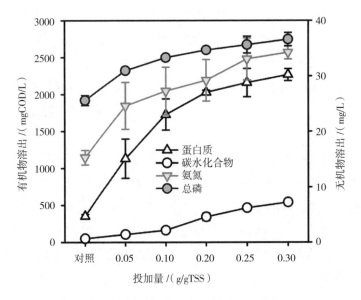

（a）投加量对水解产物和无机物溶出的影响

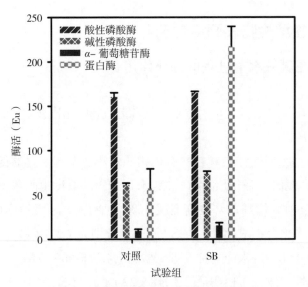

（b）投加量对胞外水解酶活性的影响

图2-12　皂苷投加量对水解产物和无机物溶出以及对胞外水解酶活性
（0.20gSB/gTSS）的影响

更多。皂苷预处理同样促进了溶解性总磷的释放：酸性磷酸酶和碱性磷酸酶的酶
活在皂苷存在的情况下有明显的提升［图2-12（b）］，这两种酶能够水解磷酸磷
脂并释放磷酸集团到液相中。Cadoret等证实污泥絮体中相当部分水解酶关联于松
散型胞外聚合物中[106]。水解酶活性增加的原因可能是由于皂苷的投入使得胞外

聚合物和其他微生物聚合物剥离细胞表面，同时，释放其中固定的水解酶到液相中。该结果也可以用后来的荧光光谱分析来证实。

2.4.2 污泥胞外聚合物的剥离分析

图2-13为皂苷预处理（0.02g/gTSS，48h）污泥发酵系统中各部分的三维荧光光谱图，包括溶解性有机物（DOM）、松散型胞外聚合物（LB-EPS）和紧密型胞外聚合物（TB-EPS）。研究采用平行因子分析法（PARAFAC）用于荧光图谱数据的解析。从图中可以定性地看出，皂苷预处理后溶解性有机物中含荧光信号的物质含量大幅增加，而对于污泥絮体中的胞外聚合物，不管是LB-EPS还是TB-EPS层的含量均明显下降。这也说明皂苷对胞外聚合物有明显的剥离作用。

激发波长和发散波长的残差分析（平均误差和）用于确定PARAFAC分析的最佳组分数，如图2-14所示。从图中可以看出，4个组分下的激发波长和发散波长的残差均小于3个组分和5个组分的残差，因此适用于此荧光光谱的PARAFAC分析最佳组分数为4。

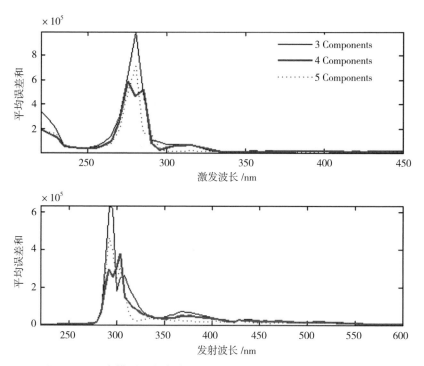

图2-14 三个模型下激发波长和发散波长的残差分析（平均误差和）

通过采用Matlab软件解析各个组分相互重叠的荧光光谱，获得了四个组分的三维荧光图谱，分别是：色氨酸类蛋白质（Ex/Em270/350，Com.1）、酪氨酸类蛋白质（Ex/Em270/300，Com.2）、其他蛋白类物质（Ex/Em225/300，Com.3）和富里酸类物质（Ex/Em300/440，Com.4），如图2-15所示[28,111]。这也说明污泥发酵过程中蛋白类物质为主要的有机质（色氨酸类和酪氨酸类），同时含有少量的富里酸类物质，前期研究显示，这类物质主要存在于死亡的微生物细胞体中。

四个组分的激发和发射图谱载荷分析如图2-16所示。从图中可以看出，载荷曲线中四个组分的激发光谱和发射光谱较光滑且均存在轻微的重叠，而且激发光谱有一个或多个最大峰值，但是发散光谱有且仅有一个最大峰值，这个现象也较好地符合预期荧光光谱特性，说明解析的四个组分均是有效的[112,113]。

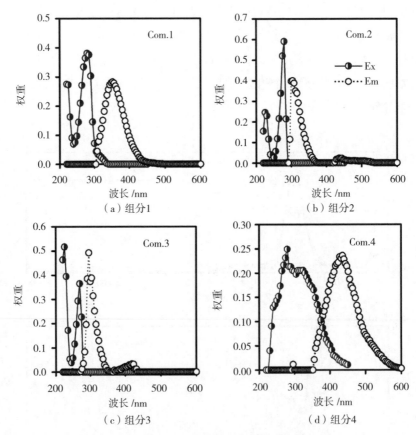

图2-16　四个组分的激发和发射光谱权重分析

从图2-16中可以看出，每个样品均含有相似的峰位置，但是各个物质的光谱强度确有明显的差别。图2-17为DOM和EPSs中各组分的荧光光谱强度。皂苷预处理试验组的溶解性有机物荧光光谱有明显的增强。四个组分中，色氨酸类物质是主要组分，其荧光强度（FI）达到655，是未经皂苷处理样品的11.6倍（FI为52）。其他含荧光信号物质中，酪氨酸类物质和其他蛋白类物质分别位于第二位和第三位。三维荧光光谱的定性分析数据能够很好地与之前实际测得的蛋白质数据吻合（图2-12）。这也进一步证实，皂苷预处理明显使得污泥中胞内和胞外聚合物中吸附的蛋白质大量溶出到液相中。研究进一步发现，不管是在DOM还是EPSs中，富里酸类物质的荧光信号均较低，这是因为这类物质在剩余污泥中主要存在于衰亡有机质的微生物降解过程中[28]。

在皂苷预处理试验组中，胞外聚合物中各个组分的荧光信号均明显降低（图2-17）。以色氨酸类物质为例，FI值在LB-EPS和TB-EPS中均有明显的减少，分别从236和590减少到105和237。这也证实，皂苷预处理能够有效剥离污泥絮体的LB-EPS层，进而破碎位于絮体内部的TB-EPS层。此结论也可以从其他三个组分的分析中得出：皂苷预处理明显促进了污泥絮体中胞外聚合物的剥离。

2.4.3　挥发酸产量及组成影响

图2-18为皂素投加量对剩余污泥发酵过程中挥发酸产量及组分的影响。从图中可以看出，皂苷的投加使剩余污泥的酸化性能明显提高。随着厌氧发酵时间的进行，挥发酸产量先明显升高后逐渐平缓。发酵72h时，各组挥发酸产量达到最大，

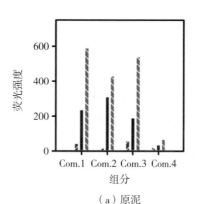

（a）原泥

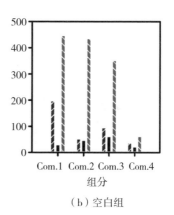

（b）空白组

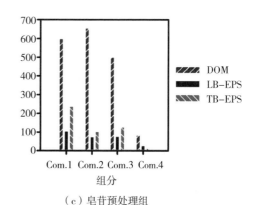

（c）皂苷预处理组

图2-17　DOM和EPSs中各组分的荧光光谱强度

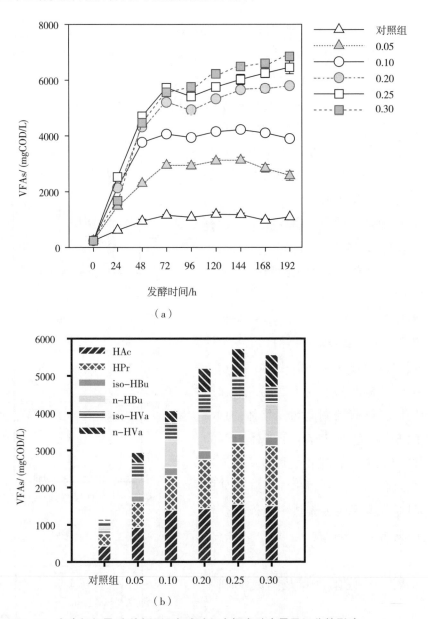

（a）

（b）

图2-18 皂素投加量对剩余污泥发酵过程中挥发酸产量及组分的影响

皂素投加量为0.05g/gTSS、0.10g/gTSS、0.20g/gTSS、0.25g/gTSS和0.30g/gTSS时，挥发酸产量分别为未经处理试验组［（1153±28）mgCOD/L］的1.56倍、2.53倍、3.51倍、3.97倍和3.83倍。从图2-22（a）中可以看出，挥发酸含量随着皂素投加量的增加而明显增加，但投加量＞0.20g/gTSS时，增加趋势不明显。进一步研究发现，挥发酸产量与发酵时间呈二次函数关系，以发酵时间72h为例，在皂苷投加量范围0.05～0.30gSB/gTSS内，YVFAs=-65241×2SBdosage+33819×SBdosage+1267，

R^2=0.997。皂苷投加量在0～0.05g/gTSS、0.05～0.10g/gTSS、0.10～0.20g/gTSS、0.20～0.25g/gTSS和0.25～0.3g/gTSS区间内，挥发酸增加量分别为1416gCOD/L、884gCOD/L、450gCOD/L、414gCOD/L和0。明显，0～0.05gSB/gTSS区间内挥发酸增加量最高。

通过挥发酸组分分析发现，皂苷预处理使得六种挥发酸均有不同程度的增加。其中，乙酸和丙酸增加程度最大，发酵时间72h时，皂苷投加量为0.05gSB/gTSS时，二者的和达到2752mgCOD/L，而未经处理试验组的仅有763mgCOD/L。皂苷投加量为0.05gSB/gTSS时，三种含量最高的挥发酸为：乙酸（32%±1.4%）、丙酸（23%±0.9%）、正丁酸（17%±1.1%）[图2-22（b）]。显然，预处理方法能够影响产物的组成。Jiang等发现SDBS化学表面活性剂（0.02g/gTSS，6d）处理后，挥发酸顺序为：乙酸＞丙酸＞异戊酸[104]。他也研究得出SDS处理后（0.1g/gTSS，6d）挥发酸顺序为乙酸＞异戊酸＞丙酸[105]。然而，Luo等研究发现采用微生物衍生型生物表面活性剂鼠李糖脂处理后，挥发酸顺序变为丙酸＞乙酸＞异戊酸（0.3g/gDS，2d）[109]。挥发酸组分同样也受投加量的影响，皂苷投加量从0增加到0.20/gTSS时，乙酸浓度从436mgCOD/L增加到1434mgCOD/L。相应地，丁酸和戊酸也相较未处理试验组增加了6.7倍和4.4倍。增加的丁酸和戊酸主要由污泥中蛋白质和碳水化合物的降解引起，然而戊酸主要与蛋白质发酵降解相关，通过单氨基酸的降解或通过Stickland降解途径的氨基酸对的氧化降解[114]。

2.4.4 皂苷促进污泥厌氧消化速率的机理解析

正如前面所述，皂苷预处理对污泥消化的水解和酸化步骤有明显的促进作用。挥发酸作为酸化的产物，能够在产甲烷过程较易代谢成甲烷。研究发现，皂苷投加量为0.05g/gTSS时对累积产甲烷量有明显的促进作用，而投加量＞0.10g/gTSS对其有一定的一致作用[图2-19（a）]。进一步发现，产甲烷量与发酵时间呈指数增长（$Y_{CH_4}=e^{-kt}$）。发酵时间192h（t），皂苷投加量为0.05g/gTSS处理下，累积产甲烷率（Y_{CH_4}）自对照组的46.5mL/gVSS（k=0.0201h^{-1}，R^2=0.9912）增加到63.0mL/gVSS（k=0.0219h^{-1}，R^2=0.9620），而投加量为0.10g/gTSS时，减少到20.3mL/gVSS（k=0.0154h^{-1}，R^2=0.9935）。同样的现象也在以乙酸钠人工配水为底物的试验中发现，而且数据符合线性增长模型（Y_{CH_4}=常数+kt）。从图2-19（b）中可以看出，发酵24h时，皂苷投加量0.05g/gAc条件下，甲烷产率自对照组（4.7±0.5）mL/gAc（k=0.1927h^{-1}，R^2=0.9401）增加到（6.6±0.3）mL/gAc（k=0.2745h^{-1}，R^2=0.9696），而投加量增加到0.20g/gAc时，甲烷产率只有（0.5±0.0）mL/gAc（k=0.0233h^{-1}，R^2=0.9865）。产甲烷过程在低皂苷投加预处理下（<0.10g/gTSS）得到增强，而在高投加（>0.10g/gTSS）预处理时被抑制。在采用化学表面活性剂预处理的研究中，很多研究者也发现了同样的现象。Jiang等发现当SDS投加量从0.1g/g增加到0.3g/g时，产甲烷抑制率从50%增加到100%。他同样发现在SDBS投加量分别为0.05g/gTSS和

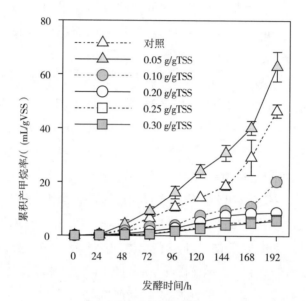

（a）投加量对污泥产甲烷的影响

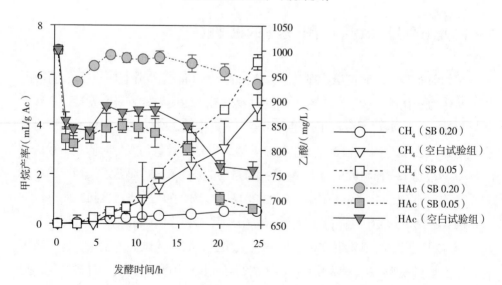

（b）投加量对乙酸转化为甲烷的影响

图2-19

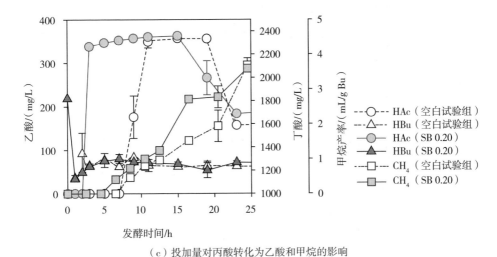

（c）投加量对丙酸转化为乙酸和甲烷的影响

图2-19　皂苷投加量对污泥产甲烷的影响、对乙酸转化为甲烷的影响（0.05g/gAc 和0.20g/gAc）、对丙酸转化为乙酸和甲烷的影响（0.20g/gBu）

0.1g/gTSS时，累积甲烷产率从对照组的65mL/gVSS降低到16mL/gVSS和8mL/gVSS。我们之前的研究也发现采用鼠李糖脂对污泥进行处理时（0.04g/gTSS，192h），累积甲烷产率自对照组的58.8mL/gVSS降低到2.0mL/gVSS[115]。相反的，产酸菌却并未受到影响，进而导致挥发酸产量的累积。

图2-19（c）显示了皂苷投加量为0.20g/gBu时，丁酸转化成乙酸和后续产甲烷的影响。丁酸的浓度在最开始的发酵10h内迅速的降低，后随着发酵时间的进一步延长，浓度并没有持续降低。作为丙酸通过β-氧化途径降解的产物，乙酸的浓度相应的增加然后降解为甲烷。具体的丁酸降解热力学方程见3.2.2部分。显然，皂苷预处理增加了丁酸的降解速率，因为其在发酵2h时很快的转化成乙酸，然而未经皂苷处理的试验组需要8h。乙酸转化成甲烷的结果也证明了这点。经过16h的厌氧发酵，皂苷处理和对照试验组的甲烷产率分别为（2.7±0.1）mL/gBu和（1.5±0.1）mL/gBu。

2.4.5　皂苷预处理的可行性分析

皂苷作为一种表面活性剂在工业中应用范围很广[116]。研究成功证实皂苷预处理对于提高污泥厌氧消化性能的可行性。近年来，很多研究者开展从污泥中回收碳源的研究，发现酸化发酵污泥可以作为底物用于生物营养物去除[117]、生物聚合物合成[118]、微生物电解产氢[29]等。表2-6为各种表面活性剂预处理剩余污泥的挥发酸产量的对比。

表2-6　表面活性剂预处理剩余污泥的挥发酸产量的对比

表面活性剂	投加量	发酵时间/h	挥发酸产量/（mgCOD/gVSS）	参考文献
鼠李糖脂	0.30g/gDS	48	222	［109］
SDS	0.10g/gTSS	144	235	［105］
SDBS	0.02g/gTSS	144	241	［104］
皂苷	0.05g/gTSS	72	211±7	本研究

　　皂苷投加量0.05gSB/gTSS预处理所得的挥发酸产量［（211±7）mgCOD/gVSS］可以与鼠李糖脂投加量0.30g/gDS预处理时所得的挥发酸产量（222mgCOD/gVSS）相一致，但所需投加量大大降低。Jiang等研究发现SDS和SDBS两种表面活性剂预处理剩余污泥产酸量最高分别为235mgCOD/gVSS和241mgCOD/gVSS。从数据上看，化学表面活性剂对于剩余污泥碳源转化的效率要高于皂苷生物表面活性剂预处理。虽然化学表面活性剂发酵的温度要低于皂苷发酵温度（21℃vs35℃），但是所需的发酵时间却增加了1倍。进一步分析，正如前所述，皂苷投加量0.05g/gTSS预处理污泥发酵系统中，挥发酸代谢产甲烷过程被大大提升。因此，整体污泥碳源转化效率需要包含产甲烷消耗的部分，这里用CODmethane来表示，这部分可以用0.35m^{3}甲烷/kgCOD转化系数来计算［119］。发酵时间72h时，皂苷投加量0.05g/gTSS预处理污泥所得甲烷产率为9.2mL/gVSS，折合成CODmethane也就是26mgCOD/gVSS。然而，对于化学表面活性剂SDS和SDBS预处理下的污泥发酵，几乎没有甲烷产生。因此，对于整体污泥碳源转化效率来看，皂苷预处理能够与现行其他表面活性剂预处理效果相一致。更重要的是，作为一种植物衍生型生物表面活性剂，皂苷具有易生产、价格低廉、可持续供应和具有回用的可能性等种种优于化学表面活性剂的优点［120］，这些优点应该能够促进皂苷用于污泥的资源化处理。

2.5　化学预处理

2.5.1　化学预处理对剩余污泥厌氧水解的影响

　　厌氧消化过程中，预处理对提高污泥水解速率的途径主要有两条：（1）微生物细胞壁破碎使胞内物质融出；（2）胞外聚合物被分解，有机物释放。预处理增加了液相中的有机物含量，在胞外水解酶作用下由复杂的大分子物质水解成易于被利用的小分子物质，为后续产酸提供底物。因此，可溶性有机物的变化规律可以表征污泥细胞的水解程度。

　　胞外聚合物（Extracellular Polymeric Substance，EPS）是由微生物分泌的附

着在细胞壁上的高分子聚合物。EPS分为两层：（1）紧密附着层（Tightly Bound，TB），位于EPS内层，与细胞壁结合紧密，具有一定外形；（2）松散附着层（Loosely Bound，LB），位于TB层外侧，结构松散，是能够向外扩展的无明显边缘的黏液层（胞外聚合物对活性污泥沉降和絮凝性能的影响研究）。EPS主要由多糖和蛋白组成（约占70%～80%），还含有少量的腐殖质、核酸、糖醛酸、酯类、氨基酸等[121,122]。细菌间的空隙由EPS填充，形成了絮凝体结构，EPS是生物絮体的主要组成部分，占活性污泥总有机物的50%～90%，其对污泥表面负荷、疏水性、颗粒粒径、絮凝沉淀和脱水性能等性质均有影响[123,124]。由于EPS位于微生物细胞（固相）和污泥上清液（液相）之间，胞内物质的释放必须通过EPS层才能到达液相中，因此考察EPS中有机物的变化情况能够进一步揭示水解速率加快的内在原因。

化学预处理作为常用的预处理方法，有较多的种类，为比较各化学预处理方法对剩余污泥厌氧水解速率的提高情况，本研究选用几种具有代表性的化学药剂进行研究，具体的预处理方法和静态发酵试验方法见第2章。

由化学药剂带入处理体系的有机物含量如表2-7所列，以下分析均已扣除此部分影响。试验得到的结果和分析如下。

表2-7　各化学药剂所含有机物含量　　　　　　　单位：mgCOD/L

测定项目	SDS	过氧乙酸	NaOH	β-环糊精	鼠李糖脂
SCOD	1048	155	0	3801	819
溶解蛋白质	0	0	0	0	91.33
溶解性碳水化合物	2.94	0	0	2779.42	37.05

2.5.1.1　溶解性蛋白质的溶出情况

EPS的主要成分是蛋白质和碳水化合物，因此考察这两个指标预处理前后的变化情况能够在一定程度上反映EPS的降解情况。图2-20显示了化学预处理前后上清液与EPS中溶解性蛋白质的增加情况。从图中可以看出经过化学预处理后上清液中的溶解性蛋白质浓度均得到提升，在预处理0h时，SDS组增加量最多，比空白组提高了12.59倍，但24h后提升幅度减少；相反，β-环糊精组则在0h时基本没有变化的情况下，经24h处理后上清液中溶解性蛋白质浓度大幅增加，比初始提升了20.46倍。其余各组也均有不同程度的提升，相比于空白组，经24h预处理后各组分别提升9.91倍（过氧乙酸组）、13.60倍（NaOH组）、16.61倍（鼠李糖脂组）。

上清液溶解性蛋白质浓度的增加与EPS的分解紧密相关。从图2-20中可以明显看出，处理0h时，除了鼠李糖脂组各试验组EPS-TB的溶解性蛋白均有提升，其中，β-环糊精组增加最多，比空白增加了734.88mgCOD/L，其次为SDS组、NaOH组、过氧乙酸组，分别增加了293.95mgCOD/L、209.33mgCOD/L、142.52mgCOD/L；而鼠李糖脂组减少了124.71mgCOD/L。EPS-TB中增加的这部分溶解性蛋白主要来源于微生物细胞胞内物质的释放及该层聚合态蛋白质的降解。处理24h后，β-环糊精组、SDS组、过氧乙酸组和空白组的EPS-TB中溶解性蛋白质均有降低，其中SDS组和β-环糊精组降幅最大，分别减少了302.86mgCOD/L、360.76mgCOD/L，是空白组的4.25倍、5.06倍；而鼠李糖脂组和NaOH组则分别增加了458.74mgCOD/L、93.53mgCOD/L。各试验组EPS-LB中的溶解性蛋白质在0h时均有增加，鼠李糖脂组增加最多，其次为NaOH组、SDS组、β-环糊精组、过氧乙酸组，分别增加了730.42mgCOD/L、627.98mgCOD/L、445.38mgCOD/L、351.85mgCOD/L、222.69mgCOD/L，此部分溶解性蛋白主要来源于EPS-TB层及该层自身聚合态蛋白质的降解；处理24h后，除过氧乙酸组，各组的EPS-LB中溶解性蛋白质增量均比0h减少，而上清液中的溶解性蛋白质增加，说明EPS-LB中的溶解性蛋白部分扩散到了液相中，NaOH组、鼠李糖脂组24h后有明显降低，说明这两组的EPS-LB中的溶解性蛋白向液相扩散的比例较大。综上所述，化学预处理能够促进EPS中溶解度蛋白质分解并扩散到液相中，增加液相中易被水解的有机物质含量。

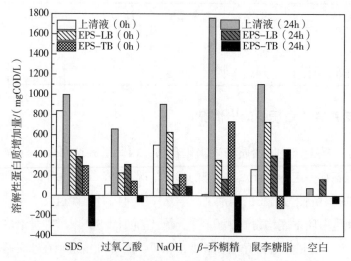

图2-20 化学预处理后各试验组溶解性蛋白质含量增加情况

2.5.1.2 溶解性碳水化合物的溶出情况

图2-21反映了化学预处理前后污泥上清液和EPS中的溶解性碳水化合物的增加情况。预处理初始（0h），各试验组上清液中的溶解性碳水化合物的含量较空白对

照都有不同的提升，溶解性碳水化合物增加量高低顺序为：β–环糊精＞SDS＞鼠李糖脂＞NaOH＞过氧乙酸，相比空白组分别提高了763.61mgCOD/L、207.36mgCOD/L、108.73mgCOD/L、107.58mgCOD/L、27.69mgCOD/L，表明化学药剂有助于提高液相中易被水解的碳水化合物含量；此时各组EPS-TB中的溶解性碳水化合物的含量也有所增加，以β–环糊精增加最多，为459.14mgCOD/L，其次为NaOH组、鼠李糖脂组、SDS组和过氧乙酸组，增量均低于100mgCOD/L；而EPS–LB层也以β–环糊精组增加最显著，为646.84mgCOD/L，其次为鼠李糖脂组和SDS组，分别增加205.06mgCOD/L、143.34mgCOD/L，过氧乙酸组和NaOH组增加量很小，低于30mgCOD/L。经过24h的预处理，各试验组上清液和EPS中碳水化合物的增加情况则有所不同，其中SDS组在处理24h后TB、LB层有所下降，而上清液基本不变，说明TB层溶出的碳水化合物主要进入了LB层，而LB层溶出的碳水化合物未造成上清液溶解性碳水化合物的增加可能是由于被污泥体系中的微生物代谢所利用；过氧乙酸组和NaOH组中上清液的碳水化合物含量增加，而TB层含量降低，LB层变化不大，说明上清液中所增加的部分主要源于TB层碳水化合物的溶出；鼠李糖脂组TB、LB层碳水化合物均降低，溶出的部分扩散至液相中，使上清液溶解性碳水化合物含量得到提升。

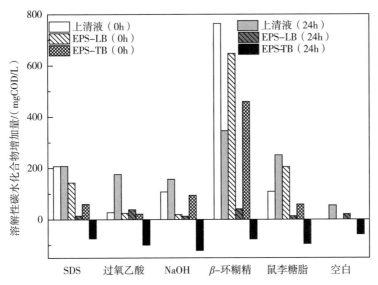

图2-21　化学预处理前后各试验组溶解性碳水化合物含量增加情况

2.5.1.3　SCOD的变化规律及溶胞率

图2-22反映了预处理前后上清液、EPS-LB层、EPS-TB层、及颗粒部分占TCOD比例的变化情况。从图中可以看出，在刚加入化学药剂后（0h），相比于

空白组（2.33%），各试验组的上清液COD的比例都有明显的增加，β-环糊精组（9.89%）增加最多，比空白组提高了3.24倍，其次为SDS组（2.79倍）、鼠李糖脂组（1.90倍）、NaOH组（1.62倍），而过氧乙酸组仅增加了0.80倍。

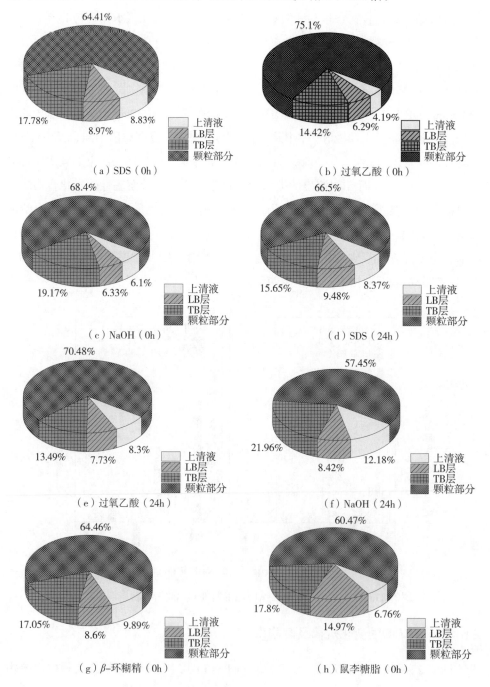

图2-22

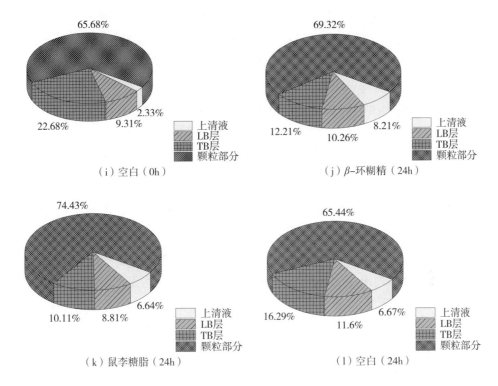

图2-22　化学预处理前后各试验组COD分布情况

EPS-TB层COD的比例有明显的下降，SDS组下降最明显，比空白组降低了65.7%，其次为过氧乙酸组（36.42%）、β-环糊精组（24.82%）、鼠李糖脂组（21.52%）、NaOH组（15.48%）；EPS-LB层COD比例除了鼠李糖脂组比空白组提高了60.04%外，其余各试验组均低于空白组，分别降低了：SDS组（3.65%）、过氧乙酸组（32.44%）、NaOH组（32.01%）、β-环糊精组（7.63%）。而固相颗粒部分的COD比例除了过氧乙酸组和NaOH组增加外，其余三组以鼠李糖脂组降低最明显（7.93%），另两组只降低了2%左右。

该试验结果表明，在化学药剂的作用下，污泥细胞外的EPS均有不同程度的分解，以TB层分解程度最显著，溶出的有机物进入LB层，并进一步扩散到液相中，由于TB层是紧密附着在细胞壁上的结构，其分解程度的大小是决定细胞壁能否进一步被破碎的关键。而固相颗粒部分降幅不大，说明化学药剂主要作用于EPS，加入后能够快速地分解，是提高水解速率的内在原因。

随着预处理时间的增加，化学药剂对EPS的分解程度也随之增加。相比预处理0h，处理24h后，除了NaOH组，各组TB层COD比例进一步减少，而NaOH组TB层增加的原因是固相颗粒部分分解，即细胞壁破碎后释放胞内物质进入该层所致。而LB层的有机物进一步扩散至液相中，使该层COD比例随之下降。在上清液方面，空白组、过氧乙酸组和NaOH组的比例增加，均提高了1倍左右，而其他各组变化不大，过氧乙酸组和NaOH组两组的增加主要是源于细胞胞内物质的释放。

除了上述3个指标，溶胞率也可以用来表示剩余污泥的水解程度。

$$溶胞率 = \frac{S_{CODt} - S_{COD0}}{T_{COD0} - S_{COD0}} \times 100\% \qquad (2-3)$$

式中　S_{CODt}——样品SCOD，mgCOD/L；

　　　S_{COD0}——原泥SCOD，mgCOD/L；

　　　T_{COD0}——原泥TCOD，mgCOD/L。

由溶胞率公式可看出，其表示的是试验组的污泥体系相对于原泥SCOD释放量的比例。表2-8列出了剩余污泥经各化学预处理24h后污泥细胞的溶胞率。从表中可以看出污泥的溶胞率均有提高，其中添加鼠李糖脂的污泥溶胞率最高（50.70%），比空白组提高了9.28倍，其后依次是添加β-环糊精、SDS、NaOH和过氧乙酸，分别比空白组提高了9.08倍、6.68倍、2.10倍、1.31倍。结果表明，经化学预处理后能够在相同处理时间内比未处理污泥溶出更多的有机物，水解程度更大，其中溶解性蛋白质的含量增幅大于碳水化合物，说明化学预处理对促进聚合态蛋白质转化为液相中的溶解态蛋白质的作用更明显。结果还表明，若要达到相同有机物水解程度，化学预处理能够大幅降低水解作用时间，提高水解速率。

表2-8　剩余污泥经各化学预处理24h后的溶胞率

添加物	SDS	过氧乙酸	NaOH	β-环糊精	鼠李糖脂	空白
溶胞率/%	37.86	11.39	15.27	50.70	49.71	4.93

2.5.1.4　污泥悬浮固体的变化情况

化学预处理后剩余污泥的总悬浮固体物（TSS）和挥发性悬浮固体物（VSS）的去除情况如图2-23所示。

从图2-23中可以看出过氧乙酸组TSS去除率最高，为14.48%，其次为SDS组，比空白组仅提高0.28倍、0.09倍，NaOH和β-环糊精组中TSS去除率小于空白组，鼠李糖脂组与空白组持平，说明SDS和过氧乙酸的加入能够促进总悬浮物的去除，鼠李糖脂没有影响，碱和β-环糊精则会阻碍这一过程。而对于其中的挥发性部分的去除情况与TSS情况相似，β-环糊精组VSS去除率最低，其余各组与空白

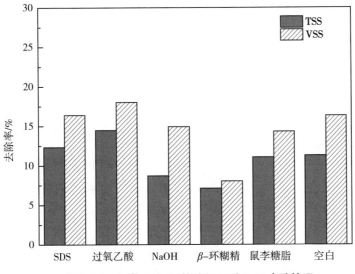

图2-23　化学预处理后污泥TSS和VSS去除情况

组间相差不大，NaOH和鼠李糖脂组比空白略低，SDS和过氧乙酸组相比空白略高，NaOH组的TSS去除率不高，但VSS去除率不低，说明NaOH对悬浮固体的去除主要是针对其中的挥发性部分。

2.5.2　不同化学预处理剩余污泥厌氧发酵最佳产酸时间的确定

2.5.2.1　VFAs产量及组成结构变化规律

（1）对挥发酸总产量的影响。图2-24反映了各化学预处理对剩余污泥在厌氧发酵过程中总SCFAs浓度的影响。从图中可以看出，相比于空白组，经化学预处理的各试验组的挥发酸产量均有显著的提升，总挥发酸浓度大小排序为：β-环糊精组＞鼠李糖脂组＞SDS组＞过氧乙酸组＞NaOH组＞空白组。除了β-环糊精组的挥发酸持续增加外，其余各组SCFAs在一定时间内随时间的增加而增加，主要是由于化学预处理使得污泥发酵液中可溶性、易降解的有机成分变多，增加了发酵产酸的底物，从而提高了剩余污泥厌氧发酵的SCFAs浓度，但超过某个时间后SCFAs浓度开始下降，这可能是由于作为污泥厌氧发酵中间产物的SCFAs进一步被微生物利用（如产甲烷菌）而导致的结果。β-环糊精组、鼠李糖脂和NaOH组在前48h增加显著，SDS组和过氧乙酸组在前72h增加显著，之后均增加缓慢，β-环糊精组在240h时TSCFAs浓度达到最大（5279.33mgCOD/L）；鼠李糖脂组、SDS组、过氧乙酸组，在120h达到最大，浓度分别为4145.17mgCOD/L、

3554.73mgCOD/L、3345.89mgCOD/L；NaOH组和空白组则在72h达到最大，分别为2233.34mgCOD/L和1125.46mgCOD/L。

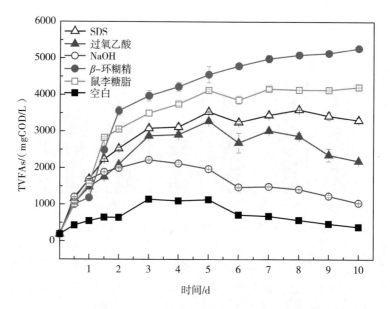

图2-24　TVFAs在各试验组中的变化情况

（2）对挥发酸组成结构的影响。图2-25反映了各试验组中各挥发酸组分浓度的变化情况。从图中可以看出，各挥发酸组分在各试验组中的含量相差较大，其中乙酸浓度较高的为过氧乙酸组、SDS组。过氧乙酸组、NaOH组和空白组的乙酸含量先增后减，最高乙酸浓度分别产生在12h、72h和72h，之后迅速下降，说明体系中乙酸的生成速率小于消耗的速率，大部分的乙酸被微生物利用。而其余几组的乙酸含量在120h达到最大后变化不大，SDS组在192h后开始下降。

其余挥发酸在各试验组中的变化规律相似，均在前72h迅速增加，之后增加缓慢，最终达到稳定；但NaOH组的丁酸和戊酸在后期都有所下降，可能是部分转化成丙酸或乙酸，空白组则都呈先升后降的趋势。其中，丙酸含量最多的是β-环糊精组，并且远高于其他组，在48h达到最大后略有下降，72h后又开始增加；异丁酸含量最多的是SDS组和鼠李糖脂组；正丁酸浓度最高的为β-环糊精组；鼠李糖脂组的异戊酸含量最高；β-环糊精组的正戊酸含量最高，其次为鼠李糖脂组，且都比其他组高得多。

图2-26反映了各试验组中各挥发酸组分的浓度随时间的变换情况。从图中可以看出，未经化学预处理的剩余污泥厌氧发酵过程中各挥发酸组分浓度的大小

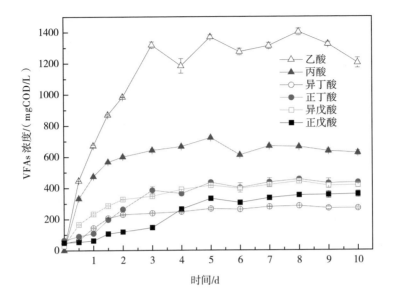

（a）SDS组

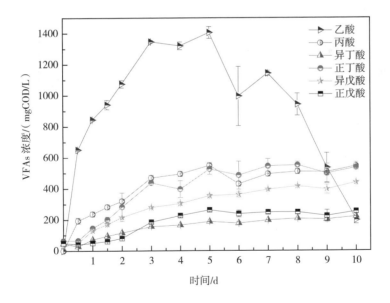

（b）过氧乙酸组

图2-25

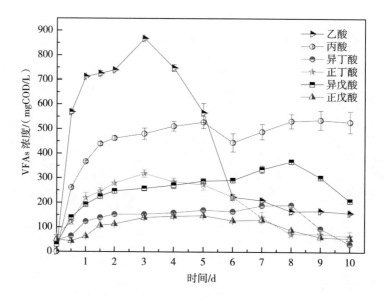

（c）NaOH组

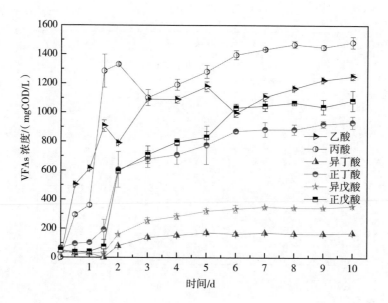

（d）β-环糊精组

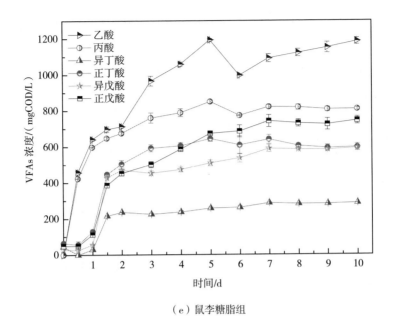

（e）鼠李糖脂组

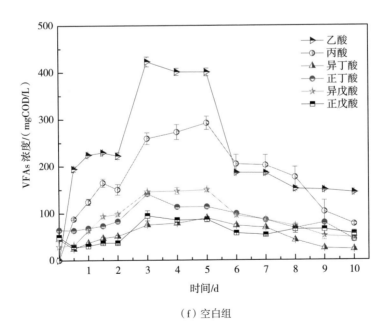

（f）空白组

图2-25　各试验组中各挥发酸组分浓度的变化

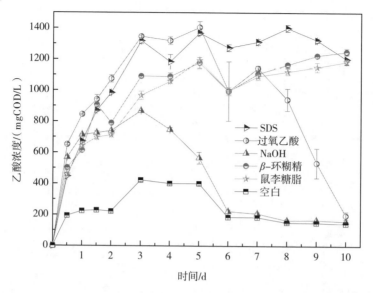

（a）乙醇浓度在各试验组中的变化

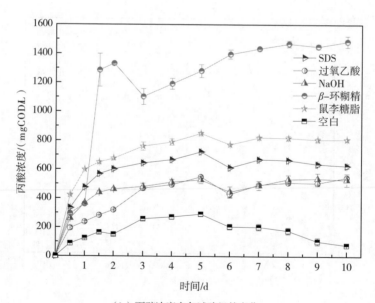

（b）丙醇浓度在各试验组的变化

图2-26

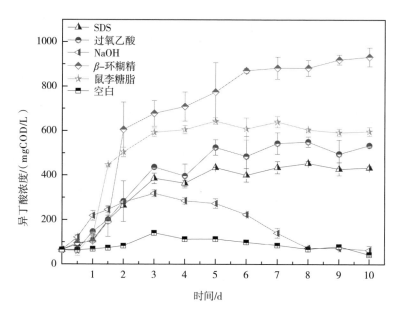

（c）异丁酸浓度在各试验组的变化

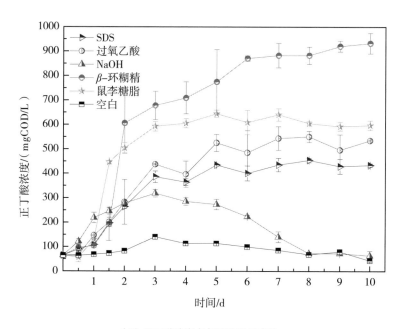

（d）正丁酸浓度在各试验组的变化

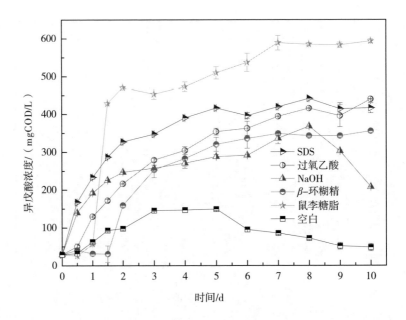

（e）异戊酸浓度在各试验组的变化

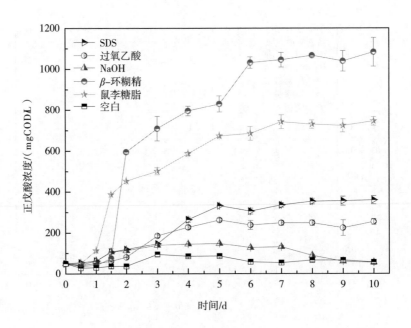

（f）正戊酸浓度在各试验组的变化

图2-26　各挥发酸组分浓度在各试验组中的变化

顺序为：乙酸＞丙酸＞异戊酸、正丁酸＞异丁酸、正戊酸，属于丙酸型发酵。而经不同化学预处理后的剩余污泥厌氧发酵产酸的产物挥发性脂肪酸的组成不尽相同，说明不同化学预处理可改变剩余污泥厌氧发酵产酸的挥发酸组成。

SDS 组、过氧乙酸组 SDS 组和 NaOH 组产物以低分子挥发酸（乙酸、丙酸）为主，发酵属于丙酸型发酵。其中 SDS 组，主要以产乙酸为主，浓度远高于其他酸，其次为丙酸，其余各酸浓度相当，除了乙酸在 72h 之后所较大的波动外，其余各酸在 120h 后基本达到稳定，乙酸的波动可能是由于其生成和消耗的过程处于不平衡的状态所引起的；过氧乙酸组中乙酸产量明显高于其余各酸，有可能是因为添加过氧乙酸中带入的冰醋酸而造成体系中乙酸含量较高，但在 120h 后乙酸浓度大幅降低，说明此时乙酸被微生物大量利用，尤其是产甲烷菌，厌氧发酵进入产甲烷阶段；NaOH 组的乙酸产量明显高于其余各酸，其次为丙酸，但在发酵 72h 后由于体系中乙酸被产甲烷菌等微生物利用使得乙酸生成速率小于消耗速率，导致乙酸浓度开始迅速下降。

β-环糊精组和鼠李糖脂组产物虽仍以乙酸、丙酸最高，但高分子挥发酸（丁酸、戊酸）的含量也不低。结果表明，β-环糊精和鼠李糖脂的投加影响甚至抑制了污泥厌氧发酵过程中的降解戊酸的产氢产乙酸菌的活性，导致戊酸的累积，而丙酸含量较高会影响发酵体系的酸碱平衡，从而进一步毒害发酵过程的正常进行。

以发酵 72h 为例，对比了各化学预处理对挥发酸组分分布的影响。图 2-27 反映了发酵 72h 时各试验组挥发酸组分浓度的变化情况。从图 2-27 可以看出，发酵 72h 时乙酸含量最多的为 SDS 组和过氧乙酸组，丙酸、正丁酸、正戊酸含量最多的为 β-环糊精组和鼠李糖脂组。图 2-28 反映了发酵 72h 时各试验组中 VFAs 的组成结构的差异。从图 2-28 中可以看出，各试验组中乙酸和丙酸占总 VFAs 的比例最大，其次为正丁酸，异戊酸、正戊酸，异丁酸最少。其中过氧乙酸组乙酸、SDS 组占总 VFAs 比例较大，分别为 46.82% 和 42.79%，β-环糊精组最小，为 27.47%；而丙酸的情况则刚好相反，β-环糊精组最大（27.73%），过氧乙酸组最小（16.32%）；在正丁酸方面，在 β-环糊精组最大（17.07%），空白组最小（12.40%）；在异丁酸方面，SDS 组最大（7.75%），β-环糊精组最小（3.50%）；β-环糊精组和鼠李糖脂组的正戊酸占总 VFAs 比例较大，分别为 17.86% 和 14.34%，最小的 SDS 组为 4.77%；异戊酸方面，以鼠李糖脂组最大（12.96%），β-环糊精组最小（6.38%）。

以上表明，化学预处理对污泥厌氧发酵产酸过程挥发酸组分分布有明显的影

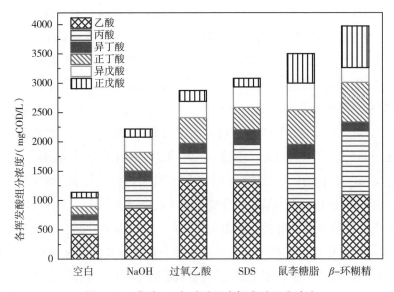

图2-27 发酵72h各试验组中挥发酸组分浓度

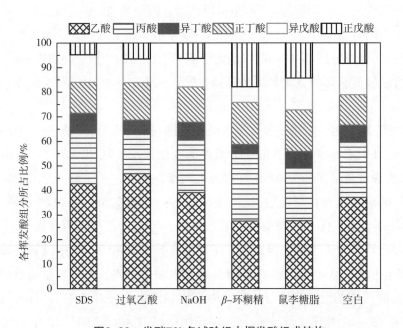

图2-28 发酵72h各试验组中挥发酸组成结构

响，因此可根据所需的挥发酸种类选择化学预处理的方法，定向获得目标产物。例如，由于乙酸很容易被微生物所利用，非常适合作为MEC（微生物电解池）产氢的底物，所以可以选择添加SDS进行化学预处理，获得更多的乙酸量；再如丙酸是生物脱氮除磷的主要碳源，可以通过添加β-环糊精处理剩余污泥以获得富含丙酸的发酵液，将其投入脱氮除磷系统中可以使异养微生物（如聚磷菌、反硝化菌等）能够利用其作为碳源，提高体系脱氮除磷的效果。

2.5.2.2　生物气产量变化规律

在污泥的厌氧发酵过程中，通常包括水解、酸化、产甲烷三个阶段，酸化产物VFAs能够被产甲烷菌利用生产甲烷，从而减少了VFAs的含量，这有悖于我们以挥发酸作为目标产物的发酵目的，因此如何抑制产甲烷过程以提高VFAs积累量是我们所关心的问题。通过序批式试验测定了经不同化学预处理后剩余污泥厌氧发酵过程中的甲烷产量。

图2-29反映了不同化学预处理条件下污泥厌氧发酵过程中甲烷产量的变化规律。从图中可以看出，NaOH组和空白组在24h后开始产甲烷，说明NaOH的添加并没有抑制产甲烷过程；而其余组的甲烷产量很低，说明其余化学药剂的添加均对产甲烷造成了抑制，使产甲烷的时间滞后，其中过氧乙酸使的滞后时间为144h，SDS组为216h；抑制效果最好的为鼠李糖脂组，整个发酵过程基本不产生甲烷，说明鼠李糖脂对产甲烷菌的活性一直有抑制作用；β-环糊精组在72h前有少量的生成，但72h之后基本不产甲烷，可能是由于β-环糊精经一段时间分解产生的某种中间产物对产甲烷有抑制作用导致。

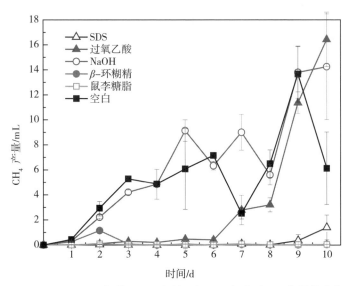

图2-29　不同化学预处理条件下污泥厌氧发酵CH_4产量的变化

图2-30反映了不同化学预处理条件下污泥厌氧发酵过程中CO_2产气量的变化规律。从图中可以看出各组CO_2相差不大，NaOH组和空白组的CO_2产量高于其他

组，且波动变化；β-环糊精组和鼠李糖脂组CO_2产量在发酵初期升高，48h时达到最大后降至0左右，之后一直维持在0左右；过氧乙酸组和SDS组CO_2产量开始保持较低水平，过氧乙酸组在144h之后迅速增加，SDS组则在192h后迅速增加。

图2-31反映了不同化学预处理条件下污泥厌氧发酵过程中H_2产气量的变化规律。从中可以看出，各试验组中除了SDS组和β-环糊精组的H_2分别在24h和48h达到最大值外，其余各组在发酵全过程H_2的表观产量基本为零，有可能是体系中同型产乙酸菌的活性较高，消耗了大量的H_2，无法得到积累。

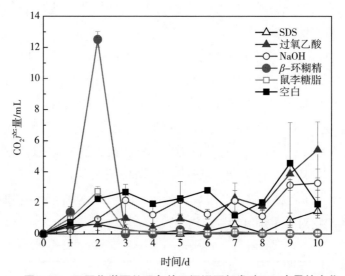

图2-30　不同化学预处理条件下污泥厌氧发酵CO_2产量的变化

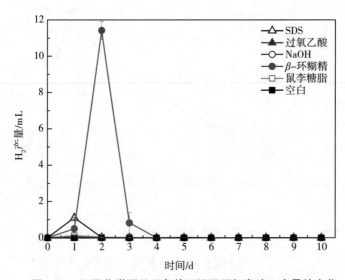

图2-31　不同化学预处理条件下污泥厌氧发酵H_2产量的变化

2.5.3　化学预处理对半连续流厌氧发酵产酸效能的影响

2.5.3.1　SCOD的变化规律

图2-32反映了从驯化启动阶段到半连续流运行阶段各试验组SCOD的变化规律。

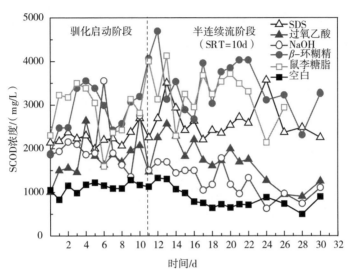

图2-32　不同化学预处理条件下污泥厌氧发酵过程中SCOD的变化

从图2-32中可以看出，除空白组外其余各组的SCOD的变化波动较大，但仍可找到一定的规律性。在前10d的启动阶段，各组SCOD的浓度均是先下降后上升后再下降，这是由于前期SCOD被产酸微生物所利用进行产酸，之后由于挥发酸的贡献使得SCOD浓度得到提高。半连续流阶段开始后各组SCOD有所上升，主要是由于每天新补充进体系的污泥所带来，但半连续流第3d后开始下降，之后β-环糊精组、鼠李糖脂组和SDS组又呈先增后减的变化，而过氧乙酸组、NaOH组和空白组则持续下降。造成SCOD的波动程度大的原因可能是由于每天进泥对体系造成冲击负荷所引起的。

2.5.3.2　溶解性蛋白质和碳水化合物的变化规律

污泥液相体系中的溶解性蛋白质和碳水化合物的增加主要因为微生物细胞破碎后胞内的释放和胞外EPS的分解溶出所致，同时它们也是污泥体系中微生物的重要营养物质，产酸微生物利用它们生产VFAs，会导致其浓度降低，因此污泥体系液相中的溶解性蛋白质和碳水化合物不断处于增加与消耗过程中。

由图2-33可以看出，各试验组的溶解性蛋白质浓度虽然在一定范围内波动变化，但仍能看出整体的趋势，即随着驯化启动期＞半连续流第一个周期＞半连续流第二个周期，说明厌氧发酵体系中溶解性蛋白质随着污泥厌氧发酵周期的加长在不断被微生物利用，半连续阶段虽然有新鲜泥的补充，但消耗大于补充的部分，在半连续流第二个周期（20d后）下降显著，说明污泥体系已无法稳定运行。

由图2-34可以看出溶解性碳水化合物在驯化启动阶段前5d有波动变化，从第6d开始达到稳定，半连续流阶段初始前6d仍保持稳定，但连续流第二个周期（20d后）迅速下降，污泥体系无法稳定运行。

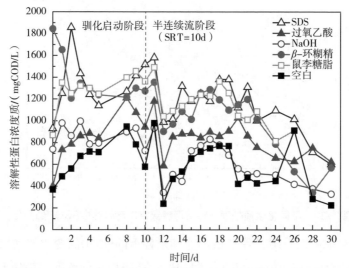

图2-33　不同化学预处理条件下污泥厌氧发酵过程中溶解性蛋白质变化

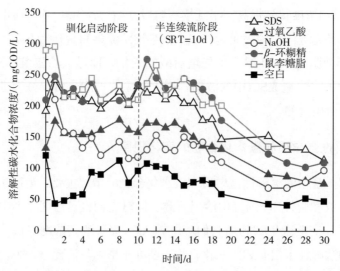

图2-34　不同化学预处理条件下污泥厌氧发酵过程中溶解性碳水化合物的变化

2.5.3.3 VFAs产量变化规律

图2-35给出了半连续流试验中不同化学预处理条件下污泥厌氧发酵过程中总VFAs产量的变化规律。

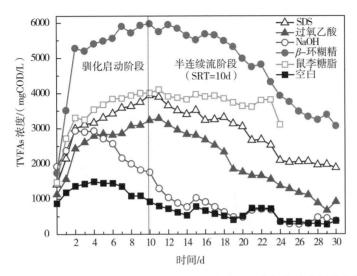

图2-35 不同化学预处理条件下污泥厌氧发酵过程中挥发酸产量的变化

从图2-35中可以看出，在前10d反应器的驯化启动阶段，各化学预处理对提高剩余污泥厌氧发酵产酸量的效果显著，其中以β-环糊精效果最好，其次为鼠李糖脂、SDS、过氧乙酸处理的，且这几组反应器的挥发酸产量在前2d快速提升后仍逐步增加，而NaOH组和空白组在发酵第3~4d产酸量达到最大后就开始下降，尤其是NaOH组。在半连续流阶段开始后，各组的挥发酸产量不断降低，NaOH组在发酵20d后已与空白组相同，29d时过氧乙酸组、NaOH组和空白组的挥发酸浓度很低（500mgCOD/L左右）。在半连续阶段前10d内相比其他几组挥发酸产量急速下降而言，β-环糊精和鼠李糖脂能够稳定一段时间，但20d开始后两组的挥发酸产量便快速下降。试验结果表明，在SRT=10d的污泥负荷条件下不能很好地维持厌氧发酵体系的稳定，可考虑适当提高污泥负荷，缩短SRT，使厌氧发酵体系中发酵产酸的底物更充足些，以提高挥发酸的积累量。

2.5.3.4 氨氮和总磷的释放规律

污泥体系中的氨氮主要来源于蛋白质降解过程。氨氮的浓度会影响体系pH值，过高的氨氮浓度对细菌有抑制作用，同时氨氮也是微生物的重要氮源，氨氮的存在对是厌氧过程非常重要的[125]，因此考察各化学预处理后污泥发酵过程氨氮的变化情况一方面可反映出体系中蛋白质的分解及氨氮的利用情况，另一方面也能够为进一步回收氮元素提供数据参考。图2-36中反映了不同化学预处理条件下污泥厌氧发酵过程中氨氮的变化情况。

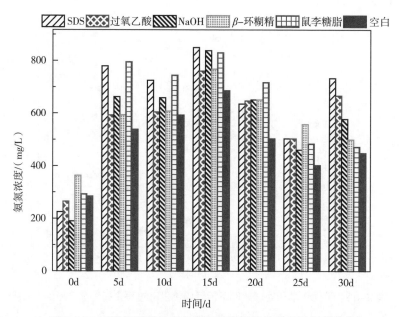

图2-36　不同化学预处理条件下污泥厌氧发酵中氨氮的变化

从图2-36中可以看出，各试验组污泥在厌氧发酵过程中的氨氮变化规律相似，总体呈先增后减的趋势。在不进泥的驯化启动阶段，呈先升后降的趋势，在第5d达到最大，其中鼠李糖脂组氨氮浓度最高，为795.02mg/L，其次为SDS组、NaOH组、β-环糊精组、过氧乙酸组，均高于空白组的538.44mg/L，而原泥仅为170.09mg/L，此阶段氨氮浓度的持续升高说明污泥体系中的溶解性蛋白质一直处于降解过程。剩余污泥经化学预处理后可提高污泥体系中的氨氮含量，主要原因是化学预处理提高了溶解性蛋白质的含量。半连续流开始进泥后，由于新鲜泥中蛋白质的补充，前5d氨氮浓度略有上升，但5d后氨氮被微生物利用的速率大于生成速率，表观浓度迅速下降。

剩余污泥中含有丰富的磷，主要来源于聚磷菌细胞内从污水中富集到的磷和微生物细胞本身，在发酵过程中微生物细胞破碎可释放大量的磷，同时磷是微生物重要的营养元素之一，对其进行回收利用具有重要意义。因此，考察反应体系中总磷的变化规律可在一定程度上反映污泥细胞胞内物质的释放情况及其被微生物利用的情况，还可为后续的回收利用提供基础数据。图2-37给出了半连续流试验从启动到运行期的各试验组污泥水相中总磷浓度变化情况。

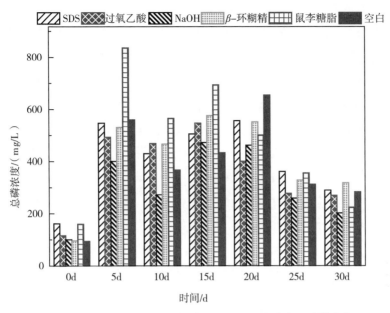

图2-37　不同化学预处理条件下污泥厌氧发酵中总磷的变化

从图2-37中可以看出，化学预处理对污泥厌氧发酵中总磷含量的影响不大。在驯化启动期（0~10d），各组总磷浓度先升后降，进入半连续流阶段（11~30d）后总磷浓度变化不大，但20d后有小幅度下降，浓度维持在较低水平。半连续流前10d各组总磷浓度平均值为469.78mg/L（SDS组）、417.09mg/L（过氧乙酸组）、409.68mg/L（NaOH组）、480.24mg/L（β-环糊精组）、519.80mg/L（鼠李糖脂组）、374.68mg/L（空白组）。

2.6　本章小结

本章开发了双频率超声和两种生物表面活性剂（鼠李糖脂和皂苷）三种新型剩余污泥预处理方法，考察了这几种预处理方法对剩余污泥中有机物的溶出、颗粒有机物的破碎及对后续发酵产酸过程中碳源（短链挥发性脂肪酸，SCFAs）转化的影响，得到以下主要结论。

（1）双频率（28kHz+40kHz）超声预处理对对剩余污泥破解和水解酸化的促进作用优于单频率（28kHz和40kHz）超声预处理。经双频超声预处理后，污泥中SCOD浓度自原泥的363mgCOD/L增长到10810mgCOD/L，是28kHz和40kHz单频超声预处理的1.53倍和1.44倍。获得的VFAs浓度也高达7587mgCOD/L，而28kHz和40kHz预处理试验组仅为6053mgCOD/L和5809mgCOD/L，这是迄今为止采用超声预处理技术所获得的最高挥发酸产量。

（2）鼠李糖脂作为一种常用的微生物衍生型生物表面活性剂，能够明显促进剩余污泥的水解和酸化效率。主要原因是鼠李糖脂促使胞外聚合物（EPS）和其他微生物絮体剥离细胞表面，同时释放其内固定的胞外水解酶（蛋白酶和α-葡萄糖苷酶），进而导致污泥水解速率的增加；鼠李糖脂最优投加量为0.04g/gTSS，最高挥发酸浓度达到3840mgCOD/L，是未经任何预处理的4.24倍。同时，研究证实了鼠李糖脂在污泥发酵系统中原位合成的可能性［96h，浓度自初始的（880±92）mg/L增加到（1312±7）mg/L］。

（3）研究证实了植物衍生型生物表面活性剂（皂苷）对剩余污泥中胞外聚合物剥离和厌氧消化的促进作用。通过三维荧光光谱分析，皂苷预处理能够有效剥离污泥絮体的LB-EPS层，进而破碎位于絮体内部的TB-EPS层。在皂苷投加量0.05g/gTSS处理下，甲烷产率有明显的提升（63.0mL/gVSS），较对照组提升了35.5%。

（4）对污泥经化学预处理后厌氧发酵产酸进行研究。经化学预处理后的污泥发酵产酸量明显提高，同时影响挥发酸组成结构。综合考虑经济性和挥发酸产量，选取72h作为最佳发酵时间，此时各组挥发酸浓度大小分别为：β-环糊精组＞鼠李糖脂组＞SDS组＞过氧乙酸组＞NaOH组＞空白组，对应浓度分别为（3972.77±142.03）mgCOD/L、（3499.86±72.46）mgCOD/L、（3080.49±56.62）mgCOD/L、（2874.93±10.80）mgCOD/L、（2217.78±14.62）mgCOD/L和（1139.12±19.32）mgCOD/L。在产酸过程中，化学药剂的添加还能有效抑制甲烷生成，增加VFAs的积累量，其中鼠李糖脂的抑制效果最好，而NaOH无抑制作用。

（5）开展半连续流试验研究（SRT=10d），结果表明经鼠李糖脂、β-环糊精处理的剩余污泥厌氧发酵过程能够在一定时间内实现稳定产酸，而其余化学预处理则较难实现稳定产酸，NaOH组和空白组稳定性最差。化学预处理对剩余污泥厌氧发酵过程中溶解性蛋白质和碳水化合物的溶出有促进作用，但对氨氮和总磷的释放影响不大。

第3章

农业秸秆调质对污泥发酵产酸及蛋白质降解转化的影响

3.1 我国秸秆资源利用现状和本章概述

3.1.1 我国秸秆资源利用现状

我国是世界第一农业大国，农作物秸秆资源的拥有量也居世界首位。据报道，我国农作物秸秆年总产量达6亿吨左右，秸秆资源以稻谷、小麦、玉米为主，占秸秆总资源的78.3%，其中玉米秸秆约占秸秆总产量的38.25%[126]。目前，42%的秸秆直接或过腹还田，30%的秸秆作为农用燃料，8%的秸秆作为工业或其他用途，20%的秸秆剩余未被利用[127]。这些秸秆被堆放在农田中不仅占据了大量空间，影响美观和环境卫生，而且增加了火灾隐患。每年农民都会焚烧大量的秸秆，这不仅是对秸秆资源的极大浪费，而且成为了大气污染的一大来源，对于城乡居民的生活造成了不良影响。

秸秆中含有大量的纤维素、半纤维素和木质素，秸秆中纤维素含量一般为31%～45%，半纤维素和其他多糖含量为25%～30%，木质素含量为15%～25%[128]。纤维素和半纤维素是重要的碳水化合物资源，这些碳水化合物在厌氧微生物作用下发酵降解后，能够产生很多具有高附加值的物质，如沼气、氢气、酒精、挥发酸等。因此，采取合理高效的处理手段，充分利用秸秆中的纤维素资源，化害为利，实现其资源化，具有重大的现实意义和战略意义。

3.1.2 本章概述

剩余污泥中虽然含有大量可以被生物降解的有机组分，但是其C/N比对于厌氧发酵而言并不十分理想，理论上理想的C/N比应在（10～20）:1之间，而剩余污泥一般只有5:1左右。黄达然[129]曾尝试在剩余污泥中加入大米作为外加碳源，调节污泥的碳氮比例，获得了良好的产酸效果，但是采用大米作为外碳源，既是对粮食资源的浪费，又会提高运行成本，因此本章研究利用农业废弃物玉米秸秆作为外碳源，与污泥进行共发酵，从而提高其产酸效能。同时，厌氧消化过程涉及多种生化反应，参数众多，机理复杂，单从试验数据很难分析其中各种组分的变化规律和机理，而进行动力学模型的建立和分析，对更深入理解厌氧过程大有助益。

本章的主要研究内容包括：（1）通过静态发酵试验确定玉米秸秆的最佳投加比例——向剩余污泥中投加不同比例的玉米秸秆，考查各试验组发酵过程中剩余污泥水解情况、营养物质的变化规律以及VFAs的积累量和组成结构，通过对比分析，确定最佳投加比例；（2）采用静态试验确定的最优玉米秸秆投加比例，启动运行半连续流发酵反应器，考查污泥–秸秆共发酵体系在半连续流反应器中持续产酸能力，为应用实践提供指导和参考。

同时，本章在ADM1模型的基础上，根据实际试验条件和反应器结构，建立了污泥–秸秆共发酵体系在半连续流反应器中进行中温厌氧发酵过程的动力学模型，并对模型涉及的各种参数进行了灵敏度分析，对于不敏感参数，直接参考相关文献确定数值，对于对过程影响较大的敏感参数，利用获得的静态试验数据，进行拟合求解，完成模型的校正。最后，对模型进行积分、求解，得到各组分随发酵时间的变化趋势，与实际试验数据进行比较，实现模型的检验和评价。

此外，本章中还会对利用静态试验求解出的模型参数进行对比分析，通过求解静态发酵过程中COD平衡关系，进一步探讨秸秆投加对污泥发酵产酸过程所产生的促进作用。根据半连续流反应器厌氧消化模型的模拟数据，对调质污泥的厌氧发酵过程提出预测和指导。

3.2 玉米秸秆调质比例及调质形式的优化

玉米秸秆中含有丰富的纤维素、半纤维素等碳水化合物资源，本身也可以作为厌氧消化产酸的底物，且在发酵产酸过程中玉米秸秆与剩余污泥会互相起到促进作用，因此二者构成了一个共发酵体系。

试验旨在通过向剩余污泥中投加玉米秸秆，提高体系碳氮比例，从而促进剩余污泥的发酵产酸性能。因此，虽然秸秆与污泥构成了共发酵体系，但试验的目的并不是为了使体系总的挥发酸产量最高，而是追求以最小的外碳源投加量，对污泥产生最大的促进作用。所以秸秆的投加比例是最为重要的影响因素，投加比例过小，可能起不到明显的促进作用，投加比例过大，外碳源没有被充分利用，又造成了资源的浪费。

为确定玉米秸秆最佳投加比例，我们进行了一组投加不同比例（污泥、秸秆有机固体质量比）玉米秸秆的静态发酵试验。试验中为获得良好的产酸效果，没有直接采用剩余污泥和玉米秸秆进行发酵，而是在文献报道和课题组前人经验的基础上，对污泥和秸秆进行了一定的预处理，并采用了利于产酸的碱性发酵条件，试验得到的结果和分析如下。

（1）通过静态厌氧发酵试验发现，玉米秸秆的投加能够一定程度地促进剩余污泥的水解，增加污泥体系中产酸底物的浓度，从而能够显著地提高挥发酸的积累量，并且提高挥发酸中乙酸比例，降低戊酸和丁酸的比例，各种挥发酸的产量顺序为：乙酸＞丙酸＞异戊酸＞正丁酸＞异丁酸＞正戊酸。

（2）通过静态厌氧发酵试验发现，玉米秸秆的投加能够一定程度地促进剩余污泥水解，提高产酸底物的浓度，从而显著提高挥发酸积累量，并能提高乙酸比例，降低戊酸和丁酸的比例。秸秆投加比例对剩余污泥水解产酸的影响差异显著，从对剩余污泥的促进作用和成本投入角度，确定最佳秸秆投加比例为1：2。

目前对剩余污泥发酵产酸的研究多为序批式静态发酵试验，静态试验虽然能够揭示发酵过程组分的变化规律，但是往往不能代表实际较大规模反应器的运行效果，运行连续流反应器是将试验研究应用于实践过程中迈出的第一步。本部分将设计、启动并运行了污泥-秸秆共发酵体系的厌氧半连续流反应器，并通过一系列研究考察了反应器的产酸效能和有机物溶出情况。

3.2.1　污泥水解及有机质浓度变化规律

图3-1显示了反应器不同运行阶段下体系中SCOD的变化规律，在发酵前10d，不连续进出泥，反应器处于静态发酵阶段，SCOD的浓度经历了一个先增大后减小的过程，这与静态试验的结果是相一致的。在发酵第10d开始投加新鲜的污泥-秸秆混合液，控制SRT为10d，在第一个周期，体系中既有初始的启动污泥又有新投入的污泥-秸秆混合液，体系的组成一直不断地变化，原有的生物菌群结构也受到了冲击，因此，体系中各种组分含量也会出现剧烈的波动，但发酵20d后体系基本趋于稳定，直到改变条件之前，组分都呈现平稳波动的趋势。

在SRT=10d的运行阶段，SCOD在稳定期的平均浓度为10690.2mg/L。其后的各阶段，与第一阶段类似，体系都要经历过渡期和稳定期，SRT为8d和5d两个阶段稳定期内SCOD平均浓度分别为8275.5mg/L和8569.3mg/L。在SRT=3d阶段，SCOD浓度明显降低，体系经历三个运行周期仍未达到稳定状态，挥发酸产量也不断下降，因此基本判定体系处于崩溃状态。

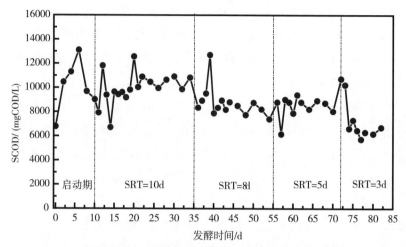

图3-1　发酵各阶段SCOD变化趋势

SCOD的形成属于污泥的水解阶段，因为投入的剩余污泥都已经过超声预处理，且加入了处理过的玉米秸秆，水解程度较高，因此体系在各个阶段SCOD浓度均处于较高的水平，均维持在6000mg/L以上。SCOD的浓度受污泥性质、环境条件，以及水解菌群代谢活动的共同影响，在过渡期内，原有污泥由于停留时间过长会造成SCOD损失，而新投入污泥迅速溶出又会引起SCOD增加，因此SCOD变化较为剧烈。

SRT缩短后，SCOD浓度稍有降低，出现这个现象的原因可能有以下原因：从启动期SCOD的变化趋势看，SCOD在发酵前5d一直处于上升趋势，在SRT为8d和5d时，污泥停留时间短，且进出泥量较大，对反应器有一定冲击，所以可能导致污泥的水解程度不如10d时彻底。

3.2.2　蛋白质和碳水化合物浓度变化规律

体系中可溶性蛋白质来自于污泥絮体和污泥胞外聚合物的降解，而产生的蛋白质又会被产酸菌吸收，代谢降解，转化为挥发酸，图3-2显示了在各运行阶段蛋白质浓度的变化情况。

启动期内蛋白质浓度迅速下降，开始投入新鲜污泥后蛋白质浓度迅速升高，与SCOD变化规律相似，在开始连续操作时，浓度波动剧烈，但在之后的运行阶段内改变条件后体系也能很快进入稳定状态。SRT为10d、8d和5d三个运行阶段的稳定期里可溶性蛋白质浓度的平均值分别为1819.8mgCOD/L、1524.2mgCOD/L和1901.2mgCOD/L，三个阶段蛋白质浓度水平相差不多。SRT为3d时体系崩溃，分解出来的蛋白质没有被产酸菌利用，导致蛋白质浓度显著提高。

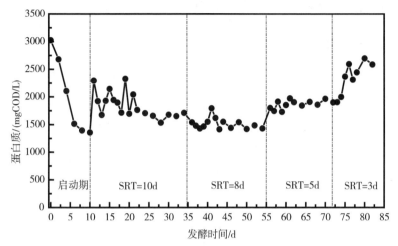

图3-2 各阶段蛋白质变化趋势

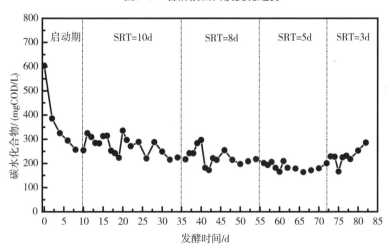

图3-3 各阶段碳水化合物变化趋势

各阶段体系中的碳水化合物浓度变化如图3-3所示。碳水化合物的变化趋势与蛋白质基本一致，各阶段内碳水化合物浓度的变化并不明显，随着SRT的缩短，碳水化合物呈较为平缓的下降趋势，SRT为10d、8d和5d三个阶段稳定期碳水化合物平均浓度为259.4mgCOD/L、226.3mgCOD/L和185.2mgCOD/L，SRT为3d时碳水化合物也有所升高。

理论上推测，SRT缩短，污泥投配率更高，会提供更丰富的水解底物，蛋白质和总糖的浓度应随之升高，但是从试验数据看，并不完全符合推测，这可能是由于半连续流的操作方式对体系有所冲击，导致污泥的分解和水解程度有所降低，而引起了蛋白质和总糖浓度的降低。

3.2.3　VFAs产量及组成结构变化规律

3.2.3.1　VFAs产量变化规律

图3-4显示了在发酵各个阶段的有机质负荷（剩余污泥和玉米秸秆中有机质含量总和）以及污泥VFAs产量的变化趋势。启动期反应器无进出泥操作，所以VFAs变化规律与第3章中静态发酵试验相似，在第3d达到了最大水平，其后基本保持稳定，平均浓度6182.4mgCOD/L，第8d后呈现下降趋势，在投加污泥前，初始污泥中易降解的有机质组分已被大量消耗，水解菌和产酸菌大量增殖，代谢活性较高，适于作为接种污泥，所以在开始投加新鲜发酵污泥后，挥发酸产量急剧增大，在短时间内即达到较高的产酸水平。在SRT为10d阶段的第一运行周期内，体系处于过渡期，VFAs产量大幅波动，但在25d后体系基本进入稳定状态，VFAs处于平稳波动趋势，平均含量为8239.8mgCOD/L。

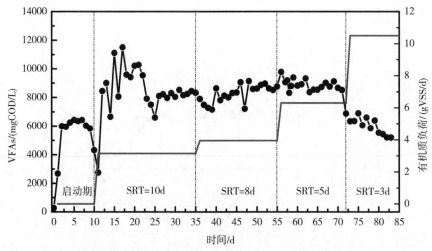

图3-4　发酵各阶段有机质负荷及VFAs产量变化趋势

SRT=8d和SRT=5d两个运行阶段的前期由于条件的改变，VFAs含量也会出现一定波动，但是波动幅度并没有刚开始进行连续流操作时剧烈，且过渡期时间缩短（5～7d），很快进入稳定期。SRT=8d和SRT=5d两个阶段的平均VFAs浓度分别为8767.2mgCOD/L和8887.7mgCOD/L，随着SRT的缩短，VFAs浓度稍有提高。在SRT=3d

阶段，有机质负荷较前一阶段提高了近1倍，但是VFAs浓度不但没有提升反而呈持续下降趋势，历经三个周期仍未达到稳定，据此判断反应器已处于崩溃状态。

根据不同运行阶段每天投入新鲜污泥中有机质的含量和流出污泥中VFAs的产量可以计算出单位质量有机质对应的VFAs产率，见表3-1。从挥发酸产率计算表中可以看出，SRT从10d缩短到5d的过程中，单位质量有机物对应的挥发酸产率有小幅提高，污泥在反应器中停留时间缩短，则每日提供的新鲜污泥量增多，可用于产酸发酵的底物更为丰富，且由于产甲烷菌的世代周期长，在SRT较短情况下，难以大量增殖，因此会减少对产生的挥发酸的吸收和消耗。

表3-1　挥发酸产率计算

指标	SRT=10d	SRT=8d	SRT=5d	SRT=3d
VFAs平均产量/（gCOD/d）	1.23	1.66	2.65	2.88
有机质负荷/（gVSS/d）	3.15	3.95	6.3	10.5
挥发酸产率/（gCOD/gVSS）	0.39	0.41	0.42	0.28

从3.1部分中静态发酵试验的结果和反应器启动期的运行数据上看，发酵第3d即可获得很高的产酸水平，而在半连续试验SRT为3d的操作阶段中，产酸效果并不理想，甚至出现崩溃状况，产生这一现象的原因可能是反应器本身容积较小，生物量和生物相都不够丰富，采用半连续操作，每12h即排出并投入占总体积1/6的污泥量，这对反应器内微生物菌群的生长和代谢都将形成巨大的干扰和冲击。

从VFAs在不同阶段的含量和产率的变化规律来看，经过超声预处理，并加入玉米秸秆进行调质的剩余污泥，在半连续流反应器中厌氧发酵能够获得稳定的产酸效果，如果按SRT为5d时反应器的产酸效果进行理论上的扩大计算，一个有效容积20L的中试消化反应器，每天可处理约4kg含水率为95%的超声污泥及0.37kg玉米秸秆，并产生0.35kg的挥发酸，产量较为可观。

从工程应用角度，除了要尽量提高挥发酸产量外，还要尽量缩短SRT，这样可以减小反应器体积，节省投资成本。从目前的半连续流试验结果看，在该试验条件下，反应器可以承受较高的有机物负荷，在SRT为5d时，运行效果最好。不过从静态发酵试验结果分析，如果对发酵反应器的结构进行改进，加强污泥中有机物的传质，减少短流情况，改变运行方式，实现连续流操作，减少对反应器的冲击负荷，则在不减少挥发酸产量的前提下，还有进一步缩短SRT的潜力。

3.2.3.2　VFAs组成结构变化规律

图3-5显示了在发酵各阶段中各种挥发酸浓度的变化规律。由图可见，各挥

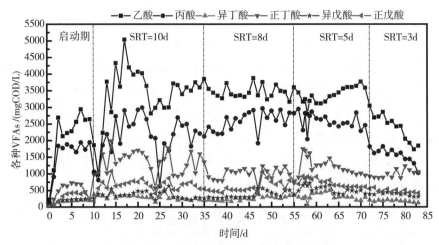

图3-5　各种挥发酸在发酵各阶段变化趋势

发酸的产量顺序是：乙酸＞丙酸＞正丁酸＞正戊酸＞异戊酸＞异丁酸。启动期在发酵第3d乙酸和丙酸即达到最大浓度，丁酸和戊酸的产生则要稍滞后于乙酸，在SRT为10d阶段内乙酸含量波动较大，当SRT缩短为8d后，乙酸浓度趋于稳定，变化较小，平均浓度为3433.3mgCOD/L，SRT为5d时乙酸平均浓度为3627.5mgCOD/L，比8d时稍低一些。丙酸产量的变化趋势与乙酸基本一致，而正丁酸的变化呈现出与乙酸互补的趋势，在SRT为5d时正丁酸的平均浓度最高，为1337.3mgCOD/L，其他三种挥发酸在整个发酵过程中含量都相对稳定，波动较小。

在各运行阶段的稳定期，各种挥发酸占总酸的比例如图3-6所示。由图可见

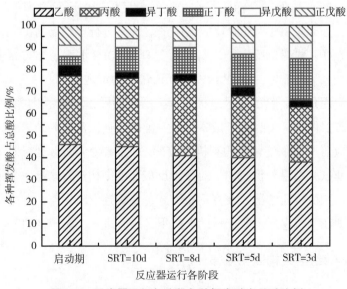

图3-6　反应器运行各阶段各种挥发酸占总酸比例

挥发酸中乙酸占主导地位，其次是丙酸，丁酸和戊酸所占的比例相对较少。随着SRT的缩短，乙酸和丙酸所占比例略有下降，而正丁酸和戊酸比例有所提高，这可能是由于停留时间较短，丁酸和戊酸只有较少部分被转为乙酸。当SRT为5d时，各酸比例分别为：乙酸40%，丙酸28%，正丁酸15%，异丁酸4%，正戊酸8%，异戊酸5%。

3.2.4　氨磷的释放规律

在污泥的发酵过程中，除了产酸菌和产甲烷菌等主要功能微生物菌群外，其他不适应厌氧环境的微生物体会逐渐死亡，并在胞外水解酶的作用下发生细胞自溶，使细胞内物质释放到液相中，而这个过程也会引起氨磷的释放。其中氨主要来自于氨基酸和蛋白质的降解，主要的反应方程式为：

$$RCHNH_2COOH+2H_2O \longrightarrow RCOOH+NH_3+CO_2+2H_2 \qquad (3-1)$$

在污泥发酵过程中，由于有机酸的积累，pH值降低，细胞溶出的氨主要以NH_4^+形式存在。图3-7显示了发酵过程中氨氮的释放规律。在启动期氨氮迅速溶出，从起始的104.8mg/L迅速增加到了381.5mg/L，产生的氨氮很快又被微生物利用，浓度大幅下降，在开始投加新鲜污泥后，氨氮浓度再度升高，在SRT=10d阶段的前期，氨氮浓度波动较为剧烈，后期即趋于稳定，4个运行阶段内氨氮平均浓度分别为341.5mg/L、282.4mg/L、322.2mg/L和278mg/L。

磷是微生物细胞的主要组成元素之一，存在于细胞的许多组分部分，聚磷菌内还积累了大量的多聚磷酸盐作为能源物质。在发酵过程中，随着细胞破碎，内容物水解，将释放大量的磷。从图3-7可见，磷的浓度变化幅度不大，在启动期磷浓度呈先上升后下降趋势，在连续投加污泥后，磷酸盐浓度有所提高，在4个运行阶段平均总磷浓度分别为173.5mg/L、172.3mg/L、166.8mg/L和185.8mg/L。

剩余污泥厌氧发酵产生的挥发酸可以用作外加碳源回用于污水的脱氮除磷工艺阶段，但是氨磷的溶出会限制污泥发酵液的应用，发酵液中氨磷含量过高，不但不能促进污水的脱氮除磷，反而会增加氮磷负荷。另一方面，氨和磷作为一种资源，如能加以回收利用，则更增加了剩余污泥发酵液的经济价值。目前，研究较多的回收氨磷的方法是磷酸铵镁沉淀生成鸟粪石法，其原理是在污泥发酵液中加入适量的磷酸铵镁，使其与铵根离子和磷酸根离子反应，同步脱除氮磷而生成肥料鸟粪石，具体的反应方程式如下：

$$Mg^{2+}+NH_4^++PO_4^{3-}+6H_2O \longrightarrow MgNH_4PO_4 \cdot 6H_2O \downarrow \qquad (3-2)$$

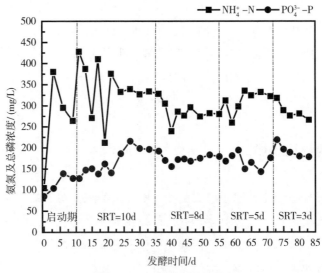

图3-7　发酵过程中氨磷的变化

理论上，Mg^{2+}、NH_4^+、PO_4^{3-}的物质的量比为1∶1∶1，但有研究者发现，在碱性条件下当氮、磷的物质的量比为（1.1～1.6）∶1时更有利于氨磷的有效沉淀[130]。本试验中溶出的氮磷元素物质的量比大约为3.5∶1，虽然氨氮浓度稍高，但可在反应前通过调节pH值的方法加以控制，因此该试验中氨磷的溶出含量较有利于沉淀反应的进行，可以通过该方法实现氮磷资源的回收和利用。

3.3　污泥与玉米秸秆共发酵基质的厌氧消化动力学模型

3.3.1　模型的建立

3.3.1.1　参考依据及模型假设

论文模型是在ADM1模型的基础上针对自身情况建立的，模型采用了ADM1模型中主要的生化反应方程和相关参数，但根据实际试验条件对其进行了一定的简化。

ADM1模型的模型假设[131]主要包括降解过程三段说、复杂混合颗粒匀质性、分解及水解步骤近似为一级动力学过程、生化步骤采用基于底物吸收的Monod方程等。本章在ADM1模型提出的基本假设基础上，又根据实际情况增加以下假设。

（1）试验中投加的玉米秸秆能与剩余污泥充分混合，且发酵过程相互关联难以独立分析，因此模型将秸秆与污泥中的有机固体颗粒视为一个整体，作为发酵过程的最初底物进行模拟。

（2）试验用污泥采用污水处理厂剩余污泥，通过污泥性质分析，发现污泥组分中脂类物质含量较少，有机质主要为蛋白质和碳水化合物，玉米秸秆中也几乎没有脂类物质，因此在模拟过程中忽略脂类的降解过程。

（3）在该试验条件，发酵过程中氢气产量很小，难于定量检测，因此模拟中忽略了产酸过程的氢抑制。

（4）因为模型建立目的是模拟污泥厌氧消化过程中的产酸步骤，因此模型不考虑利用乙酸和氢气产甲烷的过程。

（5）在半连续流试验中污泥采用了间歇式投加方式，但为了简化模型，假设试验采用了连续流的运行方式，物料保持连续进出，且在每个运行阶段内，流量是恒定的。

3.3.1.2 模型状态变量及模型参数的说明

动态变量是用来描述系统在某一特定时刻发酵状态的一组变量，具体到本章的模型来说，就是剩余污泥在厌氧消化过程中代谢产生的各种组分，如蛋白质、糖类和各种脂肪酸等，各变量的符号和详细说明见表3-2。

表3-2　模型动态变量说明

动态变量		说明
直接变量	X_c	颗粒固体废物（TCOD-SCOD）浓度
	X_{CH}	碳水化合物浓度
	S_{bu}	总丁酸盐浓度
	S_{AC}	总乙酸盐浓度
	X_{pr}	蛋白质浓度
	S_{va}	总戊酸盐浓度
	S_{pro}	总丙酸盐浓度
中间变量	S_{su}	单糖浓度
	X_{c4}	戊酸盐及丁酸盐降解生物浓度
	X_{AC}	乙酸盐降解生物浓度
	X_{su}	单糖降解生物浓度
	S_{aa}	氨基酸浓度
	X_{pro}	丙酸盐降解生物浓度
	X_{aa}	氨基酸降解生物浓度

注：表中各种挥发酸盐代表的是该种酸和挥发酸盐浓度的总和。

变量中有些是能用常规的试验手段加以测量的，这里称为直接变量，有些则是难于测量确定的，称其为中间变量。直接变量既可以通过模型就得又可以直接通过试验测定得到，因此可以通过对比直接变量的模拟值和实测值来完成模型的参数校正和模型的验证与评价。模型为便于计算，且使模拟结果与试验结果具有可比性，所有变量采用统一单位$kgCOD/m^3$。

除了动态变量，在模型的平衡方程中还涉及了大量的参数，模型参数主要分为两类：动力学参数和化学计量系数，参数的详细说明见表3-3和表3-4。

表3-3 模型中的化学计量参数

参数（无因次）	说明	参数（无因次）	说明
$f_{pr,xc}$	固体废物中的蛋白质	$f_{va,aa}$	氨基酸生成的戊酸
$f_{ch,xc}$	固体废物中的碳水化合物	$f_{bu,aa}$	氨基酸生成的丁酸
$f_{bu,su}$	糖类生成的丁酸	$f_{pro,aa}$	氨基酸生成的丙酸
$f_{pro,su}$	糖类生成的丙酸	$f_{ac,aa}$	氨基酸生成的乙酸
$f_{ac,su}$	糖类生成的乙酸		

表3-4 模型中的动力学参数

参数	说明	参数	说明
k_{dis}（d^{-1}）	颗粒固体废物分解速率	k_{hyd_PR}（d^{-1}）	蛋白质水解速率
k_{hyd_CH}（d^{-1}）	碳水化合物水解速率	k_{s_su}（$kgCOD/m^3$）	Monod半饱和系数
k_{m_su}[（$COD_{酸}$/（$COD_{单糖}\cdot d$）]	Monod最大比吸收速率	k_{dec_xsu}（d^{-1}）	单糖降解生物衰减速率
Y_{su}（$COD_{酸}/COD_{单糖}$）	单糖降解生物对底物的产率	k_{s_aa}	Monod半饱和系数
k_{m_aa}	Monod最大比吸收速率	k_{des_xaa}	氨基酸降解生物衰减速率
Y_{aa}	氨基酸降解生物对底物的产率	k_{s_c4}	Monod半饱和系数
k_{m_c4}	Monod最大比吸收速率	k_{dec_xc4}	戊酸和丁酸降解生物衰减速率
Y_{c4}	戊酸和丁酸降解生物对底物的产率	k_{s_pro}	Monod半饱和系数
k_{m_pro}	Monod最大比吸收速率	k_{dec_pro}	丙酸降解生物衰减速率
Y_{pro}	丙酸降解生物对底物的产率	k_{s_ac}	Monod半饱和系数
k_{m_ac}	Monod最大比吸收速率	k_{dec_xac}	乙酸降解生物衰减速率
Y_{ac}	乙酸降解生物对底物的产率		

3.3.1.3　平衡方程的建立

模型以加入了玉米秸秆的剩余污泥（或单独的剩余污泥）中的复合颗粒物为最初的发酵底物。完整的降解过程要历经胞外分解、水解、产酸、产氢产乙酸和产甲烷五个步骤，如图3-8所示。图中虚线部分是本章模型中忽略的组分和过程，点划线部分表示降解过程中涉及的各种微生物死亡后，微生物细胞体也会作为复合颗粒物质，重新被其他微生物分解。模型模拟的降解过程实际既包括底物的吸收、降解过程，也包含相应微生物的生长和衰亡过程。

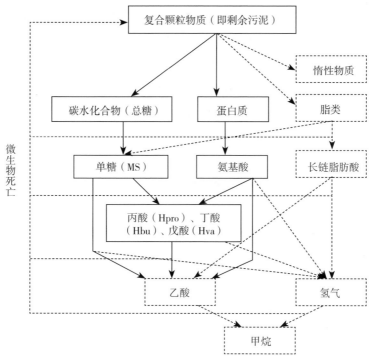

图3-8　底物降解过程示意

在一个封闭的厌氧消化系统中，对于每一个组分（状态变量），都存在这样的质量平衡关系：

$$积累量=输入量-输出量+反应量$$

输入和输出项描述了穿过系统边界的流量，该流量决定于系统的物理性质。反应项包括许多特定过程（如生长、水解、衰减等），某一组分的反应过程还会影响到其他组分。反应项中组分的反应速率γ_i是通过计算化学计量系数v_{ij}和组分i的过程速率式ρ_i乘积之和得到：

$$\gamma_i = \sum_i v_{ij} \rho_i \tag{3-3}$$

下面详细介绍消化过程各步骤涉及的生化过程及相关组分平衡方程中过程速率式采用的动力学方程形式。

（1）分解与水解。对于包含了复杂组分的剩余污泥，分解步骤描述的其实是污泥细胞的溶解和混合物的分离，底物是混合颗粒有机质（其中包括死亡的厌氧微生物），颗粒有机质分解为大分子的碳水化合物、蛋白质及颗粒性和可溶性的惰性物质，降解过程实际包含了多种复杂的反应，很难确切的表达，为简化模型，将该过程设定为一级动力学反应，即混合颗粒物的分解速度与其浓度成正比。

水解过程以大分子的碳水化合物和蛋白质为底物，通过胞外水解酶的催化作用，降解为小分子的单糖和氨基酸。完全酶促水解也是一个包括了酶产生、吸收、反应和失活等步骤的复杂的多步骤过程，但是在描述水解过程中也普遍采用了一级动力学。一级动力学可以视作多种微观过程效应积累的经验表达式，其在拟合效果上与其他更复杂的方程结构相差无几，却更加简便易于使用。

一级动力学的过程速率表达式形式如下：

$$\rho_j = k X_j \tag{3-4}$$

式中　k——分解或水解过程的降解系数，d^{-1}；

X_j——颗粒性降解底物浓度，$kgCOD/m^3$。

（2）单糖和氨基酸的酸解。产酸过程主要是指单糖和氨基酸，在没有外加电子受体的情况下，被降解为大量较为简单的产物，主要是各种短链脂肪酸，比较特殊的一点是戊酸只能由氨基酸降解产生，而不能由单糖产生。方程中所有的酸-碱对，都表达为酸-碱对的浓度之和。速率方程基于底物吸收过程，方程为Monod形式，其速率表达式形式如下：

$$\rho_j = k_{m,j} \frac{S_j}{K_{S,j} + S_j} X_j \tag{3-5}$$

式中　k_m——Monod最大比吸收速率，$kgCOD_{(底物)} / [kgCOD_{(生物)} \cdot d]$；

K_S——半饱和系数，$kgCOD_{(底物)}/m^3$；

S——可溶性组分，$kgCOD/m^3$；

X——颗粒性组分，$kgCOD/m^3$。

（3）产乙酸。高级有机酸（丙酸，丁酸，戊酸）都会在同型产乙酸菌的作用下，部分转化为乙酸，这部分反应也采用Monod形式动力学方程表达，方程形式同上。

（4）pH值抑制作用。pH值对于厌氧发酵的水解和产酸过程多有很大影响，过高或过低的pH值都会显著影响发酵菌群的代谢活性，为衡量pH值对代谢过程的抑制作用，模型中加入了pH值抑制函数I，I的表达式如下：

$$I = \frac{1 + 2 \times 10^{0.5(\text{pH}_{\text{LL}} - \text{pH}_{\text{UL}})}}{1 + 10^{(\text{pH} - \text{pH}_{\text{UL}})} + 10^{(\text{pH}_{\text{LL}} - \text{pH})}} \tag{3-6}$$

式中　pH_{UL}、pH_{LL}——分别是过程中生物受到50%抑制时的pH值上限和下限。

模型各种动态变量的平衡方程如下，其中q代表反应器污泥的平均流量，对于半连续流反应器，按反应器有效体积与污泥停留时间之商折算（即$q = q_{\text{in}} = q_{\text{out}} = V/SRT$）：

复合颗粒物：

$$\frac{dX_{\text{c}}}{dt} = \frac{qX_{\text{c,in}}}{V} - \frac{qX_{\text{c}}}{V} + k_{\text{dis}}X_{\text{c}} + k_{\text{dec},X_{\text{su}}}X_{\text{su}} + k_{\text{dec},X_{\text{aa}}}X_{\text{aa}} + k_{\text{dec},X_{\text{c4}}}X_{\text{c4}} \tag{3-7}$$
$$+ k_{\text{dec},X_{\text{pro}}}X_{\text{pro}} + k_{\text{dec},X_{\text{ac}}}X_{\text{ac}}$$

蛋白质和总糖：

$$\frac{dX_{\text{pr}}}{dt} = \frac{qX_{\text{pr,in}}}{V} - \frac{qX_{\text{pr}}}{V} + f_{\text{pr,xc}}k_{\text{dis}}X_{\text{c}} - k_{\text{hyd,pr}}X_{\text{pr}} \tag{3-8}$$

$$\frac{dX_{\text{ch}}}{dt} = \frac{qX_{\text{ch,in}}}{V} - \frac{qX_{\text{ch}}}{V} + f_{\text{ch,xc}}k_{\text{dis,ch}}X_{\text{c}} - k_{\text{hyd,ch}}X_{\text{ch}} \tag{3-9}$$

单糖及氨基酸：

$$\frac{dS_{\text{su}}}{dt} = \frac{qS_{\text{su,in}}}{V} - \frac{qS_{\text{su}}}{V} + k_{\text{hyd,ch}}X_{\text{ch}} - k_{\text{m,su}}\frac{S_{\text{su}}}{K_{\text{S-su}} + S_{\text{su}}}X_{\text{su}}I \tag{3-10}$$

$$\frac{dS_{\text{aa}}}{dt} = \frac{qS_{\text{aa,in}}}{V} - \frac{qS_{\text{aa}}}{V} + k_{\text{hyd,pr}}X_{\text{pr}} - k_{\text{m,aa}}\frac{S_{\text{aa}}}{K_{\text{S-aa}} + S_{\text{aa}}}X_{\text{aa}}I \tag{3-11}$$

$$\frac{dX_{\text{su}}}{dt} = \frac{qX_{\text{su,in}}}{V} - \frac{qX_{\text{su}}}{V} + Y_{\text{su}}k_{\text{m,su}}\frac{S_{\text{su}}}{K_{\text{S-su}} + S_{\text{su}}}X_{\text{su}}I - k_{\text{dec},X_{\text{su}}}X_{\text{su}} \tag{3-12}$$

$$\frac{dX_{\text{aa}}}{dt} = \frac{qX_{\text{aa,in}}}{V} - \frac{qX_{\text{aa}}}{V} + Y_{\text{aa}}k_{\text{m,aa}}\frac{S_{\text{aa}}}{K_{\text{S-aa}} + S_{\text{aa}}}X_{\text{aa}}I - k_{\text{dec},X_{\text{aaa}}}X_{\text{aa}} \tag{3-13}$$

丙酸盐、戊酸盐、丁酸盐：

$$\frac{dS_{\text{pro}}}{dt} = \frac{qS_{\text{pro,in}}}{V} - \frac{qS_{\text{pro}}}{V} + (1 - Y_{\text{su}})f_{\text{pro,su}}k_{\text{m,su}}\frac{S_{\text{su}}}{K_{\text{S-su}} + S_{\text{su}}}X_{\text{su}}I$$
$$+ 0.54(1 - Y_{\text{c4}})k_{\text{m,c4}}\frac{S_{\text{va}}}{K_{\text{s\_c4}} + S_{\text{va}}}X_{\text{c4}}\frac{1}{1 + S_{\text{bu}}/S_{\text{va}}}I \tag{3-14}$$
$$+ (1 - Y_{\text{aa}})f_{\text{pro,aa}}k_{\text{m,aa}}\frac{S_{\text{aa}}}{K_{\text{S-aa}} + S_{\text{aa}}}X_{\text{aa}}$$
$$- (1 - Y_{\text{pro}})k_{\text{m,pro}}\frac{S_{\text{pro}}}{K_{\text{s\_pro}} + S_{\text{pro}}}X_{\text{pro}}I$$

$$\frac{\mathrm{d}S_{\mathrm{bu}}}{\mathrm{d}t} = \frac{qS_{\mathrm{bu,in}}}{V} - \frac{qS_{\mathrm{bu}}}{V} + (1-Y_{\mathrm{su}})f_{\mathrm{bu,su}}k_{\mathrm{m,su}}\frac{S_{\mathrm{su}}}{K_{\mathrm{S-su}}+S_{\mathrm{su}}}X_{\mathrm{su}}I$$
$$+ (1-Y_{\mathrm{aa}})f_{\mathrm{bu,aa}}k_{\mathrm{m,aa}}\frac{S_{\mathrm{aa}}}{K_{\mathrm{S-aa}}+S_{\mathrm{aa}}}X_{\mathrm{aa}}I \qquad (3-15)$$
$$- k_{\mathrm{m,c4}}\frac{S_{\mathrm{bu}}}{K_{\mathrm{s}}+S_{\mathrm{bu}}}X_{\mathrm{c4}}\frac{1}{1+S_{\mathrm{va}}/S_{\mathrm{bu}}}I$$

$$\frac{\mathrm{d}S_{\mathrm{va}}}{\mathrm{d}t} = \frac{qS_{\mathrm{va,in}}}{V} - \frac{qS_{\mathrm{va}}}{V} + (1-Y_{\mathrm{aa}})f_{\mathrm{va,aa}}k_{\mathrm{m,aa}}\frac{S_{\mathrm{aa}}}{K_{\mathrm{S-aa}}+S_{\mathrm{aa}}}X_{\mathrm{aa}}I$$
$$- k_{\mathrm{m,c4}}\frac{S_{\mathrm{va}}}{K_{\mathrm{S-C_4^+}}+S_{\mathrm{va}}}X_{\mathrm{c4}}\frac{1}{1+S_{\mathrm{bu}}/S_{\mathrm{va}}}I \qquad (3-16)$$

$$\frac{\mathrm{d}X_{\mathrm{pro}}}{\mathrm{d}t} = \frac{qX_{\mathrm{pro,in}}}{V} - \frac{qX_{\mathrm{pro}}}{V} + Y_{\mathrm{pro}}k_{\mathrm{m,pro}}\frac{S_{\mathrm{pro}}}{K_{\mathrm{s\_pro}}+S_{\mathrm{pro}}}X_{\mathrm{pro}}I - k_{\mathrm{dec,X_{pro}}}X_{\mathrm{pro}} \quad (3-17)$$

$$\frac{\mathrm{d}X_{\mathrm{bu}}}{\mathrm{d}t} = \frac{qX_{\mathrm{bu,in}}}{V} - \frac{qX_{\mathrm{bu}}}{V} + Y_{\mathrm{bu}}k_{\mathrm{m,bu}}\frac{S_{\mathrm{bu}}}{K_{\mathrm{s\_bu}}+S_{\mathrm{bu}}}X_{\mathrm{bu}}I - k_{\mathrm{dec,X_{bu}}}X_{\mathrm{bu}} \qquad (3-18)$$

$$\frac{\mathrm{d}X_{\mathrm{c4}}}{\mathrm{d}t} = \frac{qX_{\mathrm{c4,in}}}{V} - \frac{qX_{\mathrm{c4}}}{V} + Y_{\mathrm{c4}}k_{\mathrm{m,c4}}\frac{S_{\mathrm{va}}}{K_{\mathrm{s\_va}}+S_{\mathrm{va}}}X_{\mathrm{c4}}\frac{1}{1+S_{\mathrm{bu}}/S_{\mathrm{va}}}I$$
$$+ Y_{\mathrm{c4}}k_{\mathrm{m,c4}}\frac{S_{\mathrm{bu}}}{K_{\mathrm{s\_bu}}+S_{\mathrm{bu}}}X_{\mathrm{c4}}\frac{1}{1+S_{\mathrm{va}}/S_{\mathrm{bu}}}I - k_{\mathrm{dec,X_{c4}}}X_{\mathrm{c4}} \qquad (3-19)$$

乙酸盐：

$$\frac{\mathrm{d}X_{\mathrm{ac}}}{\mathrm{d}t} = \frac{qX_{\mathrm{ac,in}}}{V} - \frac{qX_{\mathrm{ac}}}{V} + Y_{\mathrm{ac}}k_{\mathrm{m,ac}}\frac{S_{\mathrm{ac}}}{K_{\mathrm{s\_ac}}+S_{\mathrm{ac}}}X_{\mathrm{ac}}I - k_{\mathrm{dec,X_{ac}}}X_{\mathrm{ac}} \qquad (3-20)$$

$$\frac{\mathrm{d}S_{\mathrm{ac}}}{\mathrm{d}t} = \frac{qS_{\mathrm{ac,in}}}{V} - \frac{qS_{\mathrm{ac}}}{V} + (1-Y_{\mathrm{su}})f_{\mathrm{ac,su}}k_{\mathrm{m,su}}\frac{S_{\mathrm{su}}}{K_{\mathrm{S-su}}+S_{\mathrm{su}}}X_{\mathrm{su}}I$$
$$+ (1-Y_{\mathrm{aa}})f_{\mathrm{ac,aa}}k_{\mathrm{m,aa}}\frac{S_{\mathrm{aa}}}{K_{\mathrm{S-aa}}+S_{\mathrm{aa}}}X_{\mathrm{aa}}I - k_{\mathrm{m,ac}}\frac{S_{\mathrm{ac}}}{K_{\mathrm{S-ac}}+S_{\mathrm{ac}}}X_{\mathrm{ac}}I$$
$$+ 0.5(1-Y_{\mathrm{pro}})k_{\mathrm{m,pro}}\frac{S_{\mathrm{pro}}}{K_{\mathrm{S-pro}}+S_{\mathrm{pro}}}X_{\mathrm{pro}}I \qquad (3-21)$$
$$+ 0.31(1-Y_{\mathrm{c4}})k_{\mathrm{m,c4}}\frac{S_{\mathrm{va}}}{K_{\mathrm{S-va}}+S_{\mathrm{va}}}X_{\mathrm{c4}}\frac{1}{1+S_{\mathrm{bu}}/S_{\mathrm{va}}}I$$
$$+ 0.8(1-Y_{\mathrm{c4}})k_{\mathrm{m,c4}}\frac{S_{\mathrm{bu}}}{K_{\mathrm{S-bu}}+S_{\mathrm{bu}}}X_{\mathrm{c4}}\frac{1}{1+S_{\mathrm{va}}/S_{\mathrm{bu}}}I$$

3.3.2 模型参数求解

到3.3.1.3为止，调质后的剩余污泥在半连续流CSTR反应器中水解产酸过程的动力学模型已基本建立完成，但是模型在应用之前还需要解决一个问题，即模型参数的取值问题。3.3.1.2中已列出了模型生化过程中涉及的各种参数，ADM1模型的编者也在推出ADM1模型的同时提供了各种参数在一些条件下的参考数值，但是模型参数受试验条件和底物性质的影响很大，直接使用推荐数值，最后的模拟结果误差极大，因此必须根据具体的试验数据对模型参数进行修正。

由于模型涉及参数众多，如果通过试验一一求解相关参数，一来要耗费大量的人力物力，二来也难于实现，因此本章采用敏感度分析的方法，对模型参数进行甄选，判断各个参数对模拟结果的影响大小，其中对模拟结果影响较小的不敏感参数直接根据ADM1模型或相关文献的报道进行取值，而对于影响较大的敏感参数，则利用3.2中获得的静态发酵试验的试验数值，通过相关平衡方程的积分拟合，求解出该参数在论文试验条件下的最优值。

3.3.2.1 化学计量系数及动态变量初值

表3-5和表3-6中给出了模型生化反应方程中使用的各种动态变量和化学计量系数。在对模型进行积分模拟时，需要设定积分的边界条件，即确定动态变量的初值，直接变量的初值可以由试验测定，而中间变量的初值主要参考相关文献取定。化学计量系数与动态变量初值确定方法相同，计量系数中$f_{ch,xc}$和$f_{pr,xc}$主要取决于底物的组成性质，在本模型中根据剩余污泥性质估算求得；而单糖和氨基酸生成各种挥发酸的比例系数则由底物降解的反应方程和反应产物平衡决定，这部分参数主要根据相关文献的报道取定。表3-5给出了模型的化学计量系数和动态变量初值数值及参考文献。

表3-5 模型化学计量系数及动态变量初值

参数或变量	数值	参考文献	参数或变量	数值	参考文献
X_c	19	测定	X_{pr}	5.045	测定
X_{ch}	0.5038	测定	S_{va}	0.0001	测定
S_{bu}	0.0353	测定	S_{pro}	0.0767	测定
S_{ac}	0.1542	测定	S_{su}	0.28	[86]
S_{aa}	0.17	[86]	X_{c4}	0.13	[86]

续表

参数或变量	数值	参考文献	参数或变量	数值	参考文献
X_{pro}	0.05	[86]	X_{ac}	0.24	[86]
X_{aa}	0.32	[86]	X_{su}	0.24	[86]
$f_{pr,xc}$	0.4	估算	$f_{va,aa}$	0.24	[10]
$f_{ch,xc}$	0.16	估算	$f_{bu,aa}$	0.26	[10]
$f_{bu,su}$	0.01	[10]	$f_{pro,aa}$	0.05	[10]
$f_{pro,su}$	0.27	[10]	$f_{ac,aa}$	0.4	[10]
$f_{ac,su}$	0.41	[10]			

3.3.2.2　动力学参数敏感度分析

进行敏感度分析的方法是根据相关文献确定各参数的初始数值，然后在一定范围内改变其中一个参数的取值，保持其他参数值不变，对模型方程进行积分求解，将得到的某一组分的模拟数值与为改变参数前得到的该组分的模拟数值对比，按以下公式计算该参数对于该组分的灵敏度指数：

$$参数灵敏度指数 = \frac{\sum |C_{STD}(t) - C_{SENS}(t)|}{N} \qquad (3-22)$$

式中　N　——模拟数据的个数（由模拟的时间和间隔梯度决定）；

　　　t　——某一特定时刻；

　　　C_{STD}、C_{SENS}——分别是由推荐值求得的组分模拟值和由改变后的参数求得的组分模拟值。

在对本模型的参数进行灵敏度分析时，相关动力学参数在推荐值基础上变动-50%～50%，相关各变量的变化范围及参数对变量的灵敏度指数计算结果见表3-6。

表3-6　各模型参数对于相关组分的灵敏度指数

参数	参考数值	X_{pr}		X_{ch}		S_{va}		S_{bu}		S_{pro}		S_{ac}	
		−0.5	+0.5	−0.5	+0.5	−0.5	+0.5	−0.5	+0.5	−0.5	+0.5	−0.5	+0.5
k_{dis}	0.5	0.2*	0.1*	0.1*	0.1*	0.2*	0.1*	0.2*	0.2*	0.0	0.0	0.0	0.0
k_{hyd_PR}	0.2	0.0	0.0	0.1*	0.1*	0.0	0.0	0.0	0.0	0.0	0.0	0.0	0.0
k_{hyd_CH}	0.1	1.2*	0.5*	0.0	0.0	0.2*	0.1*	0.2*	0.1*	0.0	0.0	0.1*	0.1*
k_{dec_xsu}	0.02	0.0	0.0	0.0	0.0	0.0	0.0	0.0	0.0	0.0	0.0	0.0	0.0

续表

参数	参考数值	X_{pr}		X_{ch}		S_{va}		S_{bu}		S_{pro}		S_{ac}	
		−0.5	+0.5	−0.5	+0.5	−0.5	+0.5	−0.5	+0.5	−0.5	+0.5	−0.5	+0.5
k_{dec_xaa}	0.02	0.0	0.0	0.0	0.0	0.0	0.0	0.0	0.0	0.0	0.0	0.0	0.0
k_{dex_pro}	0.02	0.0	0.0	0.0	0.0	0.0	0.0	0.0	0.0	0.0	0.0	0.0	0.0
k_{dex_xac}	0.02	0.0	0.0	0.0	0.0	0.0	0.0	0.0	0.0	0.0	0.0	0.0	0.0
k_{dec_xc4}	0.02	0.0	0.0	0.0	0.0	0.0	0.0	0.0	0.0	0.0	0.0	0.0	0.0
k_{m_su}	30	0.0	0.0	0.0	0.0	0.0	0.0	0.0	0.0	0.0	0.0	0.1*	0.1*
k_{m_aa}	50	0.0	0.0	0.0	0.0	0.3*	0.4*	0.3*	0.4*	0.0	0.0	0.1*	0.2*
k_{m_pro}	13	0.0	0.0	0.0	0.0	0.0	0.0	0.0	0.0	0.1*	0.1*	0.0	0.0
k_{m_ac}	8	0.0	0.0	0.0	0.0	0.0	0.0	0.0	0.0	0.0	0.0	1.0*	0.1*
k_{m_c4}	20	0.0	0.0	0.0	0.0	0.4*	0.3*	0.5*	0.4*	0.0	0.0	0.0	0.0
k_{s_su}	0.5	0.0	0.0	0.0	0.0	0.0	0.0	0.0	0.0	0.0	0.0	0.0	0.0
k_{s_aa}	0.3	0.0	0.0	0.0	0.0	0.4*	0.2*	0.5*	0.2*	0.0	0.0	0.2*	0.0
k_{s_pro}	0.1	0.0	0.0	0.0	0.0	0.0	0.0	0.0	0.0	0.1*	0.1*	0.0	0.0
k_{s_ac}	0.15	0.0	0.0	0.0	0.0	0.0	0.0	0.0	0.0	0.0	0.0	0.1*	0.1*
k_{s_c4}	0.2	0.0	0.0	0.0	0.0	0.3*	0.2*	0.4*	0.2*	0.0	0.0	0.0	0.0
Y_{aa}	0.08	0.0	0.0	0.0	0.0	0.2*	0.1*	0.2*	0.1*	0.0	0.0	0.0	0.0
Y_{c4}	0.06	0.0	0.0	0.0	0.0	0.0	0.1	0.0	0.0	0.0	0.0	0.0	0.0
Y_{pro}	0.04	0.0	0.0	0.0	0.0	0.0	0.0	0.0	0.0	0.0	0.0	0.0	0.0
Y_{ac}	0.05	0.0	0.0	0.0	0.0	0.0	0.0	0.0	0.0	0.0	0.0	0.1*	0.1*
Y_{su}	0.1	0.0	0.0	0.0	0.0	0.0	0.0	0.0	0.0	0.0	0.0	0.0	0.0

注：1. 表中数值为0.0的项代表灵敏度指数<0.05。

2. *号标记的项表示对应参数是相应的动态变量求解过程中的敏感参数。

表3-6中标记出了对各变量（直接变量）影响较大、灵敏度较高的参数，对于这些参数将利用试验数据进行拟合求解，而其他参数由于灵敏度不高，直接取定为表中的推荐值。

3.3.2.3 关键参数的求解方法和求解结果

对于通过灵敏度分析确定的关键参数，将利用第3章中静态试验的试验数据进行求解，基本的求解思路如图3-9所示。

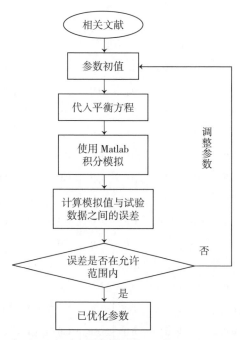

图3-9　模型关键参数求解思路

利用静态试验中投加比例为1∶2的试验组在发酵过程中蛋白质、碳水化合物及各种挥发酸随时间变化的数据，通过Matlab程序求解出各参数的优化值如表3-7所列。

表3-7　模型敏感参数最优值

参数	k_{dis}	k_{hyd_PR}	k_{hyd_CH}	k_{m_su}	k_{m_aa}	k_{m_pro}	k_{m_ac}	k_{m_c4}
优化值	0.1	0.3	0.65	15.0	58.5	0.06	12	0.7
参数	k_{s_su}	k_{s_aa}	k_{s_pro}	k_{s_ac}	k_{s_c4}	Y_{aa}	Y_{ac}	
优化值	0.08	0.07	2.5	2.6	0.26	0.08	0.16	

3.3.3　模型模拟结果分析与评价

将3.3.2部分中确定的模型参数值代入3.3.1.3部分中各组分的平衡方程中，使用Matlab程序对微分方程组按发酵时间进行积分求解，通过改变程序中SRT的数值，而实现对反应器不同运行阶段状态的模拟。图3-10和图3-11分别是发酵过程中体系内蛋白质、碳水化合物以及各种挥发酸浓度的模拟数值和半连续试验的实测数值的对比图。

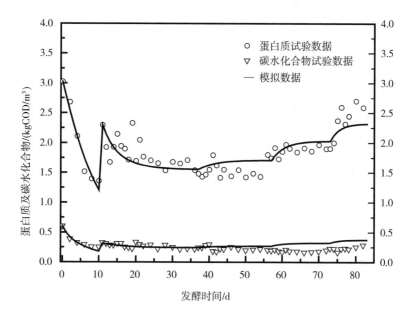

图3-10　蛋白质碳水化合物模拟结果

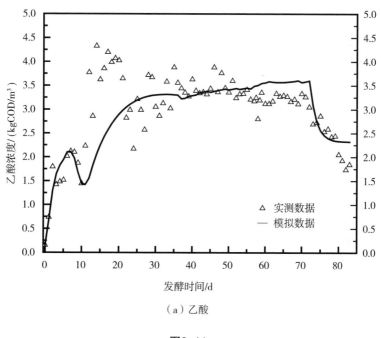

（a）乙酸

图3-11

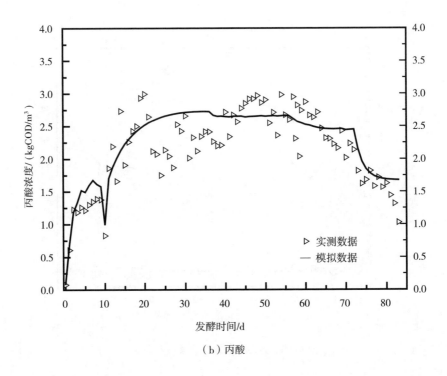

（b）丙酸

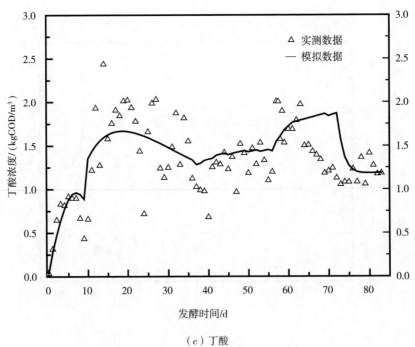

（c）丁酸

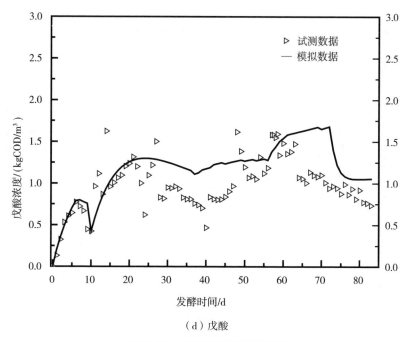

（d）戊酸

图3-11 各种挥发酸模拟结果

　　模型得到的直接模拟结果已在图3-10和图3-11中展示出来，为了更好地与试验结果进行比较，再将模拟结果进行简单的计算，得到总挥发酸浓度（TVFAs）和SCOD估算浓度的模拟数值，见图3-12。

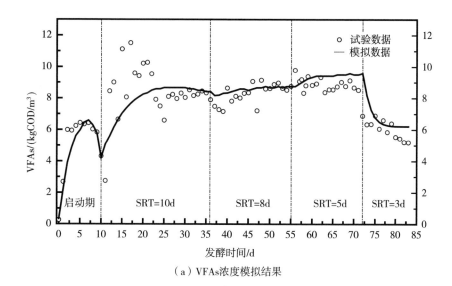

（a）VFAs浓度模拟结果

图3-12

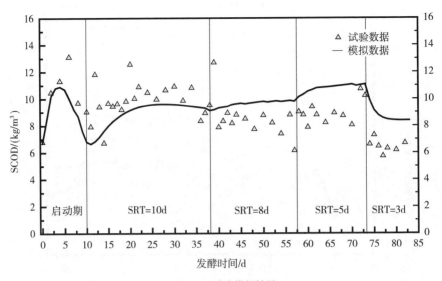

（b）SCOD浓度模拟结果

图3-12　总挥发酸浓度和SCOD浓度模拟结果

通过观察模型模拟得到的各组分随发酵时间的变化数值与试验数据的对比图，可以发现模型对蛋白质、碳水化合物及各种挥发酸总体上具有较好的模拟效果，特别是对蛋白质、乙酸盐和总挥发酸，基本能够模拟各个组分在半连续流发酵各个运行阶段内的变化趋势和代谢规律。但是模型对戊酸盐和碳水化合物的模拟存在一定偏差，戊酸盐的模拟值比实测值偏高，而丁酸盐模拟值比实测值偏低一些，SCOD的模拟数据是按蛋白质、碳水化合物和各种挥发酸浓度总和计算而得，积累了各组分的误差，因而与试验值偏差就大。

各组分模拟值与试验值的平均误差如表3-8所列。

表3-8　各组分模拟值与试验值的平均误差

组分	蛋白质	碳水化合物	乙酸盐	丙酸盐	丁酸盐	戊酸盐	SCOD	TVFAs
试验平均值	1.859	0.246	2.973	2.155	1.323	0.965	8.989	9.191
绝对误差	0.025	0.010	0.066	0.044	0.036	0.036	0.247	0.166
相对误差	1.34%	4.22%	2.23%	2.07%	2.69%	3.75%	2.75%	1.81%

从表3-8中可以得到模型对各个组分模拟的相对误差，可见蛋白质、总挥发酸的模拟误差很好，小于2%，其他组分误差稍大，但也均在5%以内，这说明模型具有较好的模拟效果，可以应用于该试验条件下，剩余污泥的发酵过程模拟。

3.3.4　模型应用

建立动力学模型的目的是通过数值模拟了解发酵体系中各种组分随时间的变化规律，以便更深入地探讨反应的过程，解释一些现象和问题，并对应用实践提出理论上的预测和指导。

在3.3.1～3.3.3部分中，已经完整地建立了调质污泥在半连续流反应器中厌氧消化过程的动力学模型，并进行了参数校正和模型验证，在本部分中，将结合模型参数和模型的模拟数据，对第3章中静态试验和半连续流试验中的一些问题进行进一步的分析和讨论。

3.3.4.1　玉米秸秆为外碳源对剩余污泥发酵产酸的促进作用分析

在3.1部分中，已经通过一组投加不同比例玉米秸秆的静态试验初步研究了秸秆投加对超声处理的剩余污泥产酸过程的促进作用，试验数据表明加入玉米秸秆能够提高发酵体系中SCOD、碳水化合物和蛋白质的含量，提高产酸代谢的底物水平，从而显著提高挥发酸的产量。本部分中将结合所建立的动力学模型进一步分析秸秆投加对超声污泥产酸的促进作用。

采用3.3.2中介绍的参数求解方法，利用静态试验中空白对照组各组分的变化数据对关键参数进行了拟合求解，得到结果如表3-9所列。

表3-9　空白组关键动力学参数拟合值

参数	k_{dis}	k_{hyd_PR}	k_{hyd_CH}	k_{m_su}	k_{m_aa}	k_{m_pro}	k_{m_ac}	k_{m_c4}
空白组	0.11	0.18	0.52	14.8	62.2	0.05	11.2	0.65
参数	k_{s_su}	k_{s_aa}	k_{s_pro}	k_{s_ac}	k_{s_c4}	Y_{aa}	Y_{ac}	
空白组	0.08	0.07	2.71	2.7	0.25	0.08	0.15	

将表3-9数据与利用秸秆组求解出来的动力学参数（见表3-7）进行对比，可以看出玉米秸秆的加入对氨基酸、单糖以及各种挥发酸降解的动力学过程影响不大，主要是影响了蛋白质和碳水化合物的水解过程，加入秸秆的污泥体系蛋白质和碳水化合物的水解速率明显提高，说明玉米秸秆的投加不但为产酸菌提供了更多的发酵底物，而且能够提高蛋白质和碳水化合物的水解速率，这一点也可以从试验数据加以证明，图3-13显示了发酵第5d时，空白对照组和1：2秸秆组水解酶的活性对比。

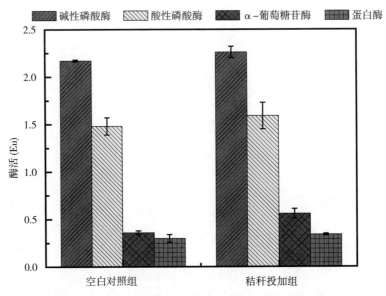

图3-13　空白对照组与秸秆组发酵5d时水解酶活性

磷酸酶是一种可以催化磷酸单酯水解生成无机磷酸的水解酶；碱性磷酸酶和酸性磷酸酶分别为可在碱性环境和酸性环境中起水解作用的磷酸酶；α-葡萄糖苷酶是一类能够从α-糖苷键底物的非还原端催化水解α-葡萄糖基酶的总称；而蛋白酶是催化蛋白质中肽键水解的酶。这四种酶都是广泛存在于微生物细胞中的重要的水解酶类，从水解酶活性大小可以在一定程度上判断当前时刻体系中水解作用的强度。由图3-13可见，加入秸秆的试验组，α-葡萄糖苷酶有明显的提高，其他三种水解酶也均有小幅的提高，这说明秸秆的加入可以提高蛋白质和碳水化合物降解酶的活性。

由模型动力学参数对比和酶活试验数据分析可知，投加玉米秸秆不仅为产酸菌提供了更多发酵底物，而且能够促进蛋白质和碳水化合物的水解，增强水解酶活性，提高水解速率，因而能够获得更高的挥发酸产量。

3.3.4.2　半连续流反应器产酸效能提升方法预测

从半连续流的试验数据，可以观察到污泥-秸秆混合液在半连续流反应器中能获得较好的产酸效能，但从3.3.3部分中挥发酸模拟数值与试验数值的对比图可以看出，模拟数值对启动期和SRT较长的运行阶段模拟效果相对较好，而对SRT较短的运行阶段，出现了模拟数值普遍稍高于试验数据的现象。

出现这一现象可能是由于模型做出的连续流假设，为了简化模拟过程，假定反应器按照连续流方式操作，保持连续进出料，在每个运行阶段保持进出流量恒定。而实际操作中，由于采取半连续流操作，在SRT较短的情况下，每次排出和投加的污泥量较大，对体系的冲击也较为剧烈。

SCOD和挥发酸的模拟数值普遍高于实测值证明半连续流反应器的水解和产酸效能还有进一步提升的空间，欲获得更高的挥发酸浓度，应采取连续流操作，或尽量增加单位时间内的污泥投加次数，减小单次投加量，加强搅拌条件，强化传质过程减小冲击负荷。

半连续流试验中采用的是同一反应器变SRT的操作方式，采用这种运行方式，能够确定一个反应器对负荷的最大承受能力，摒除由不同反应器差异带来的误差，保证试验结果的完整性和可比性，但是一个运行阶段的效果往往会受到前一阶段的影响。为考察反应器在单一的不同的SRT条件下的运行效果，利用所得到的消化模型，以启动期结束时各动态变量数值作为模拟初值，对不同SRT条件（SRT为8d、6d、4d、3d、2d）下VFAs的变化情况做了模拟，得到结果如图3-14所示。

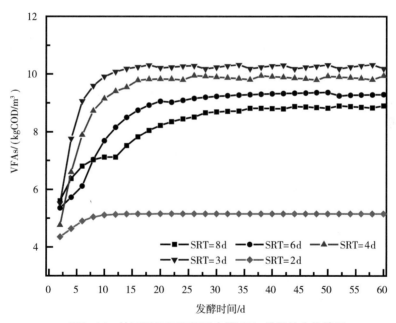

图3-14 按不同SRT运行反应器VFAs模拟值变化情况

由图3-14可见，SRT在8d到5d变化范围内，VFAs平衡浓度随着SRT的缩短从8.82kgCOD/m³增大到了10.26kgCOD/m³，而当SRT缩短到到2d时，由于停留时间过短，无法完成产酸过程，而引起VFAs平衡浓度急剧下降。因此，由模拟得到的最佳SRT条件是3d，这一结果与静态试验得到的变化规律也是相吻合的。

　　模型预测的反应器最佳运行SRT为3d，可是在变SRT运行的试验过程中，SRT缩短到3d时，不但没有获得最高的产酸量，反而引起反应器发酵体系崩溃，挥发酸浓度急剧下降。出现这种现象部分是由于短SRT操作时的冲击负荷过高，反应器内微生物生长代谢受到了影响，但这并不是全部原因，因为3.3.3部分中利用动力学模型得到的模拟数值也呈现了相同的变化趋势，因此关于这一现象最好的解释就是这一阶段的运行效果受到了前几个运行阶段的影响。厌氧消化过程中，水解产酸菌群种类丰富，且不同生物种群的世代周期也不尽相同，采用不同SRT条件达到稳定状态时（如启动期末期和SRT为5d阶段的稳定期），其生物群落组成及其中的优势种群也是不同的，而此时再对其施以同样的操作条件，发酵体系的运行效果很可能会呈现不同程度的差异性。

　　模拟过程也是相同的原理，对于某一阶段的各动态变量的积分模拟，均是以上一阶段末动态变量的数值为初始值（边界条件）的，而变量初值的不同，特别是其中固体组分（即各种生物，如单糖降解生物、乙酸降解生物）的量不同，对后续变量的数值甚至变化趋势均会产生显著的影响。

　　除了SRT条件，还可能对发酵产酸效能产生影响的因素就是污泥的初始颗粒固体浓度，污泥中的颗粒固体作为发酵过程的最初底物，是发酵进程的起始点，图3-15显示了在SRT为3d时不同初始颗粒物（X_c）浓度下，VFAs的模拟变化值，可见初始污泥浓度越高，为产酸发酵提供底物越丰富，则VFAs的平衡浓度越高。

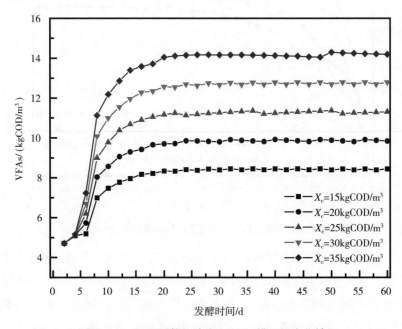

图3-15　不同颗粒物浓度下VFAs模拟值变化情况

当然这只是在理论上的扩展和推测，实际操作中，污泥浓度提高可能会改变水力学特性及其在反应器中的流态和传质效果等，因此未必能获得理论推测的结果，但至少这是一个值得尝试的方向。

通过以上分析，由动力学模型模拟结果预测出的可能进一步提高反应器产酸效能的措施如下。

（1）采取连续流操作，或进行半连续流操作时，增加单位时间内污泥投加次数，减少投加量，以便减小对反应器内微生物生长代谢的干扰和冲击。

（2）不采用变SRT操作形式，在启动期结束后，保持固定的SRT（或流量）持续运行。最佳SRT的预测值为3d，最大VFAs平衡浓度为10.26kgCOD/m³。

（3）可以尝试对进料污泥进行适当浓缩，提高污泥浓度，为产酸提供更多发酵底物。

3.4　本章小结

本研究以玉米秸秆为外碳源，与剩余污泥共发酵，通过调节发酵体系的碳氮比，来提高剩余污泥的厌氧发酵产酸效能，并基于ADM1模型建立了共发酵体系在半连续流反应器中水解酸化过程的动力学模型，对体系进行模拟、预测，得到如下结果。

（1）通过静态厌氧发酵试验发现，玉米秸秆的投加能够一定程度地促进剩余污泥水解，提高产酸底物的浓度，从而显著提高挥发酸积累量，并能提高乙酸比例，降低戊酸和丁酸的比例。秸秆投加比例对剩余污泥水解产酸的影响差异显著，1:1、1:2、1:3和1:4四个试验组对剩余污泥挥发酸产量的提高率分别为14.5%、20.2%、0.1%和0.1%，单位质量玉米秸秆投加对挥发酸产量增加量的贡献值分别为903.4mg/L、1216.1mg/L、595.4mg/L和749.3mgCOD/L/g秸秆，因此从对剩余污泥的促进作用和成本投入角度，确定最佳秸秆投加比例为1:2。

（2）启动并运行半连续流CSTR小试反应器，在SRT为10d、8d和5d三个阶段稳定期的平均挥发酸浓度分别为8767.2mgCOD/L、8887.7mgCOD/L和8239.8mgCOD/L，单位质量（以污泥可挥发性固体质量计）进料污泥对应的挥发酸产率分别为0.39g挥发酸/g污泥、0.41g挥发酸/g污泥、0.42g挥发酸/g污泥。SRT为3d时体系崩溃。从VFAs的含量和产率的变化规律来看，污泥-秸秆共发酵体系在半连续流发酵试验中能够获得持续稳定的产酸效果，挥发酸产量较为可观，且能承受较高的有机物负荷，最优运行SRT为5d。

（3）在ADM1模型基础上，根据试验条件和底物特性提出假设，建立了污泥-秸秆共发酵体系在半连续流反应器中厌氧消化过程的动力学模型结构，利用灵敏度分析甄别出模型中的关键参数并以静态试验数据加以求解，完成了模型的参数校正工作。利用半连续流试验数据对模型进行了验证，结果发现模拟数据总体上与实测值变化趋势吻合，误差在5%以内，证明模型能够有效模拟污泥秸秆共发酵体系的水解产酸过程。

（4）由模型动力学参数对比分析和酶活试验数据证明，玉米秸秆的加入不仅能为产酸菌提供更多发酵底物，而且能够增强各种水解酶活性，提高蛋白质和碳水化合物的水解速率，从而挥发酸产量。利用所得半连续流动力学模型进行不同条件下的模拟分析，预测了反应器产酸效能进一步提高的方向：采用连续流操作，减小对发酵体系的冲击负荷；采用固定SRT操作，且理论最佳SRT条件为3d；可尝试对进料污泥进行适当浓缩，提高初始污泥浓度。

第4章

菌糠投加对污泥共发酵产酸性能影响

4.1 双孢菇菌糠处理与处置现状

菌糠是食用菌产业的主要固体废弃物，它是由秸秆、木屑等原料制作而成的食用菌培养基收货后的残渣废料，俗称食用菌栽培废料、菌渣等。菌糠是食用菌培养基经食用菌出产后所残留的废料，包含丰富的纤维素、木质素、半纤维素且含有较多量的蛋白质、脂肪和菌丝体[132]。由于双孢菇具有较高的营养价值和药用效果，近年来也受到广大种植户的喜爱，年产量也随之激增。食用菌培养基中所含的纤维素、蛋白质等营养物质通过食用菌的生物固氮、酶解等生化反应，均得到有效降解。且粗脂肪、粗纤维含量比发酵前均提高2倍以上。目前，国内的少部分食用菌菌糠被作为饲料、废料、沼气生产原料等加以利用，而大部分被当做废弃物随意丢弃。

菌糠中的营养物质丰富，经过适当处理和配置，可以代替传统麦麸，制成合成饲料供家禽、家畜、鱼类动物等的饲养。高世友等采用虫草菌糠喂养肉食鸡，发现产蛋率、鸡仔成活率提高了几个百分点，同时饲养的成本大大下降[133]；马玉胜使用菌糠作为饲料喂养奶山羊60d后，产奶量比对照组提高近1/5，而两组的乳脂率基本持平[134]。双孢菇菌糠是良好的有机肥料和土壤改善剂，其中所包含的有机质、氮磷钾等物质都能有效促进植物生长。使用菌糠作为肥料的玉米产量比对照组提高了10%左右[135]。菌糠能够有效提高土壤有机质含量，改善土壤性质。有试验表明，菌糠作为肥料改善土壤性质后的冬小麦能够增产近30%。此外，双孢菇菌糠中富含通气性能极高的腐殖质，能够增加土壤肥力，且菌糠中残留的大量菌丝体能够有效提高土壤中氮的含量，避免农田夺氮现象。菌糠中丰富的营养物质不仅能够给产甲烷菌的繁殖提供有机质，还能够缩短发酵时间，提高甲烷产气率。同时，微生物生长所必需的微量元素，如铁、钙、镁、锌等生长因子都能成为沼气发酵的原料。研究表明，每千克双孢菇菌糠可以产生0.2cm³的沼气。

由于未经预处理的污泥水解速度缓慢，产酸发酵时间长，且效果不甚理想。因此，本部分旨在研究将污泥进行预处理后，与双孢菇菌糠共发酵体系的产酸效能的提升。本试验进行对污泥进行三种不同的预处理预处理——碱预处理、热碱预处理和超声预处理后，与双孢菇菌糠共发酵体系的参数优化。本章主要研究内容是利用均匀设计法设计试验，采用响应面法对试验数据进行多项式回归分析，从而确定各预处理的操作条件、双孢菇菌糠与剩余污泥的投加比例等参数。本章还考察了单独利用预处理后的剩余污泥进行厌氧发酵产酸（即不添加双孢菇菌糠）与共发酵体系相比，其挥发酸产量是否明显降低。

4.2　基于UD-RSM法优化预处理污泥与菌糠共发酵产酸工艺参数

4.2.1　碱预处理污泥与菌糠共发酵产酸工艺参数优化

4.2.1.1　试验设置

本试验所用的剩余污泥和双孢菇菌糠如第2章所述。由于该预处理方式只有两个因素：投加碱量和污泥/菌糠投加比例，而均匀设计方法只适用于3个或3个以上因素和水平的试验设计，所以该试验采用传统的控制变量法设计试验。首先，控制菌糠与污泥的投加比例为0.8，即1gVSS的污泥中投加0.8gVSS的双孢菇菌糠。该参数是由前期预试验的经验数据得来。反应器的有效容积为1L，投加600mL污泥，7个反应器的VSS均调节成14g/L，在水浴加热下保持中温（35℃±1℃）厌氧消化。具体试验设置如表4-1所列。

表4-1　变碱度碱预处理试验设计表

因素	1	2	3	4	5	6	7
碱度/（gNaOH/gTSS）	0.015	0.03	0.045	0.06	0.075	0.09	0.105
SMS投加（VSS$_{SMS}$：VSS$_{WAS}$）	0.8	0.8	0.8	0.8	0.8	0.8	0.8

注：SMS为spent mushroom substrate英文缩写形式，意为菌糠；WAS为waste activited sludge英文缩写形式，意为剩余污泥。

由上组试验的结果，确定最佳投加碱量，并以此投加碱量（0.075gNaOH/gTSS），调节双孢菇菌糠与剩余污泥的投加比例。具体试验设置如表4-2所列。

表4-2　变SMS投加碱预处理试验设计表

因素	1	2	3	4	5	6	7
SMS投加（VSS_{SMS}：VSS_{WAS}）	0.15	0.3	0.45	0.6	0.75	0.9	1.05
碱度（gNaOH/gTSS）	0.075	0.075	0.075	0.075	0.075	0.075	0.075

4.2.1.2　结果与讨论

本章采用污泥与菌糠共发酵体系所产挥发酸的产量来优化参数条件。本试验的数据表明，5号反应器（碱投加量微0.75gNaOH/gTSS）所产生的总SCFAs浓度（6871.16mgCOD/L）远高于1～4号反应器，略高于6、7号反应器。这可能是因为投加碱量较少时，对剩余污泥水解的作用随碱投加量的增大呈递增状态，在投加量为0.75gNaOH/gTSS时，水解作用达到最优，能够有效促进其水解。而高于该投加量时，碱浓度过大导致反应体系的pH值过高反而抑制该体系内部产酸菌的活性，从而使挥发酸积累量降低。图4-1详细描述了厌氧发酵的第5d（挥发酸产量最大日）各试验组各反应器内总SCFAs积累的情况。

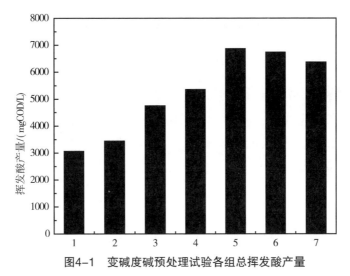

图4-1　变碱度碱预处理试验各组总挥发酸产量

在固定了碱投加比例为0.75gNaOH/gTSS后进行变SMS投加量的试验，本组试验数据表明，1～3号挥发酸产量与不加菌糠组相差不大，从第4号开始，挥发酸产量有明显提升。6号反应器（VSS_{SMS}：VSS_{WAS}为0.9g/gVSS）内的总挥发酸浓度为7802.36mgCOD/L，明显高于其他各组反应器。与不投加菌糠的上组试验相比，挥发酸产量提升了13.6%。图4-2详细描述了厌氧发酵的第5d（挥发酸产量最大日）各试验组各反应器内总SCFAs积累的情况。

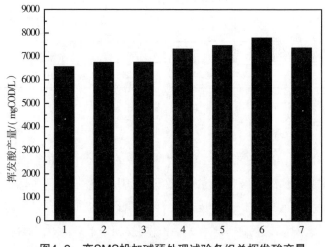

图4-2 变SMS投加碱预处理试验各组总挥发酸产量

由以上两组试验数据可以得出碱预处理菌糠的最优化条件为：在碱投加量为0.075gNaOH/gTSS，双孢菇菌糠投加量为0.90g/gVSS时，能够达到最大VFAs的积累量为7802.36mgCOD/L。

4.2.2 热碱预处理污泥与菌糠共发酵产酸工艺参数优化

4.2.2.1 试验设置

均匀设计是利用精心编制的均匀设计表来进行试验设计的。均匀设计表的代号为$Un(qs)$，其中，U代表均匀设计；n代表均匀设计表横行数（即所需做的试验次数）；q代表因素水平数，其值与n相等；s代表均匀表纵列数，即因素数。例如，$U_7(7^4)$表示该试验因素数为4，每个因素需做7次试验也即7个水平。$U_7(7^4)$设计表如表4-3所列。

表4-3 $U_7(7^4)$均匀设计表

试验号	列号			
	1	2	3	4
1	1	2	3	6
2	2	4	6	5
3	3	6	2	4
4	4	1	5	3
5	5	3	1	2
6	6	5	4	1
7	7	7	7	7

每个均匀设计表都附有使用表，该使用表可将因素安排在合适的列中，例如，在进行4因素12水平的试验时，可根据$U_{12}(12^{10})$使用表选用1、6、7、9四列来安排试验。$U_{12}(12^{10})$均匀设计表如表4-4所列。

表4-4　$U_{12}(12^{10})$均匀设计表

因素数	列号							D
3	1	6	9					0.1838
4	1	6	7	9				0.2233
5	1	3	4	8	10			0.2272
6	1	2	6	7	8	9		0.2670
7	1	2	6	7	8	9	10	0.2768

注：D表示均匀度的偏差，D越小，试验点的均匀分散性越好。

均匀设计表中每列不同数字只出现一次，即每个因素在每个水平仅做一次试验；任两个因素的试验点点在平面的格子上，每列每行有且仅有一个试验点。上述性质反映了均匀设计的均衡性，即对各因素的各水平都是一视同仁的。

本试验的因素数有共有4个，分别为加热温度、加碱量、加热处理时间和菌糠投加量。因此可以使用均匀设计法进行试验设计。本试验的每个因素取8个水平，因素水平设计表如表4-5所列。

表4-5　热碱预处理试验因素水平设计表

因素	1	2	3	4	5	6	7	8
加热温度/℃	60	65	70	75	80	85	90	95
碱度/（gNaOH/gTSS）	0.015	0.03	0.045	0.06	0.075	0.09	0.105	0.120
SMS投加（VSS_{SMS}：VSS_{WAS}）	0	0.15	0.30	0.45	0.60	0.75	0.90	1.05
处理时间/min	15	30	45	60	75	90	105	120

由表4-5知，本组试验因素数为4，4个因素的一次项及二次项各有4项，4项因素间的两两交互作用设有6项，共14项，为了能够使用响应面法进行试验数据的拟合，因此试验数不能小于14（按二次函数模拟计算），为增加精度，按表$U_{16}(16^4)$进行试验设计，即每个水平使用两次。$U_{16}(16^{12})$设计表、$U_{16}(16^{12})$使用表分别如表4-6、表4-7所示[136]。

表4-6　$U_{16}(16^{12})$均匀设计表

试验号	列号											
	1	2	3	4	5	6	7	8	9	10	11	12
1	1	2	4	5	6	8	9	10	13	14	15	16

试验号	列号											
	1	2	3	4	5	6	7	8	9	10	11	12
2	2	4	8	10	12	16	1	3	9	11	13	15
3	3	6	12	15	1	7	10	13	5	8	11	14
4	4	8	16	3	7	15	2	6	1	5	9	13
5	5	10	3	8	13	6	11	16	14	2	7	12
6	6	12	7	13	2	14	3	9	10	16	5	11
7	7	14	11	1	8	5	12	2	6	13	3	10
8	8	16	15	6	14	13	4	12	2	10	1	9
9	9	1	2	11	3	4	13	5	15	7	16	8
10	10	3	6	16	9	12	5	15	11	4	14	7
11	11	5	10	4	15	3	14	8	7	1	12	6
12	12	7	14	9	4	11	6	1	3	15	10	5
13	13	9	1	14	10	2	15	11	16	12	8	4
14	14	11	5	2	16	10	7	4	12	9	6	3
15	15	13	9	7	5	1	16	14	8	6	4	2
16	16	15	13	12	11	9	8	7	4	3	2	1

表4-7 $U_{16}(16^{12})$ 使用表

因系数	列号						D
2	1	8					0.0908
3	1	4	6				0.1262
4	1	4	5	6			0.1705
5	1	4	5	6	9		0.2070
6	1	3	5	8	10	11	0.2518
7	1	2	3	6	9	11	12	0.2769

　　按照上述两表进行热碱预处理的试验设计，即采用1、4、5、6列进行试验。具体试验设计如表4-8所列。

表4-8 热碱预处理试验设计表

试验号	温度/℃	碱度/（g/gTSS）	SMS投加/（g/gVSS）	处理时间/min
1	60	0.045	0.3	60
2	60	0.075	0.45	120
3	65	0.12	0	60

续表

试验号	温度/℃	碱度/（g/gTSS）	SMS投加/（g/gVSS）	处理时间/min
4	65	0.03	0.45	120
5	70	0.06	0.9	45
6	70	0.105	0	105
7	75	0.015	0.45	45
8	75	0.045	0.9	105
9	80	0.09	0.15	30
10	80	0.12	0.6	90
11	85	0.03	1.05	30
12	85	0.075	0.15	90
13	90	0.105	0.6	15
14	90	0.015	1.05	75
15	95	0.06	0.3	15
16	95	0.09	0.75	75

也同时进行了单独热碱预处理的试验。该试验因素数为3，分别为加热温度、加碱量、加热时间。因此也可使用均匀设计法进行试验设计。每个因素取8个水平，因素水平设计表如表4-9所列。

表4-9　单独热碱预处理试验设计表

因素	1	2	3	4	5	6	7	8
加热温度/℃	60	65	70	75	80	85	90	95
碱度/（gNaOH/gTSS）	0.015	0.03	0.045	0.06	0.075	0.09	0.105	0.120
处理时间/min	15	30	45	60	75	90	105	120

由表4-9知，本组试验因素水数为3，3个因素的一次项及二次项各有3项，3项因素间的两两交互作用设有3项，共9项，试验数不能小于9（按二次函数模拟计算），为增加精度，按$U_{12}(12^{10})$进行试验设计。$U_{12}(12^{10})$设计表、使用表分别如表4-10、表4-11所示。

表4-10　$U_{12}(12^{10})$均匀设计表

试验号	列号									
	1	2	3	4	5	6	7	8	9	10
1	1	2	3	4	5	6	8	9	10	12
2	2	4	6	8	10	12	3	5	7	11

续表

试验号	列号									
	1	2	3	4	5	6	7	8	9	10
3	3	6	9	12	2	5	11	1	4	10
4	4	8	12	3	7	11	6	10	1	9
5	5	10	2	7	12	4	1	6	11	8
6	6	12	5	11	4	10	9	2	8	7
7	7	1	8	2	9	3	4	11	5	6
8	8	3	11	6	1	9	12	7	2	5
9	9	5	1	10	6	2	7	3	12	4
10	10	7	4	1	11	8	2	12	9	3
11	11	9	7	5	3	1	10	8	6	2
12	12	11	10	9	8	7	5	4	3	1

表4-11 $U_{12}(12^{10})$ 均匀设计表

因素数	列号						D
2	1	5					0.1163
3	1	6	9				0.1838
4	1	6	7	9			0.2233
5	1	3	4	8	10		0.2272
6	1	2	6	7	8	9	0.2670
7	1	2	6	7	8	9	10	0.2768

按照表4-10、表4-11，进行了单独热碱预处理的试验设计，即采用1、6、9列进行试验。具体试验设计如表4-12所列。

表4-12 单独热碱预处理试验设计表

试验号	温度/℃	碱度/（g/gTSS）	处理时间/min
1	65	0.045	75
2	65	0.09	60
3	70	0.045	30
4	70	0.09	15
5	75	0.03	90
6	75	0.075	60
7	80	0.03	45

试验号	温度/℃	碱度/（g/gTSS）	处理时间/min
8	80	0.075	15
9	85	0.015	90
10	85	0.09	75
11	90	0.015	45
12	90	0.09	30

4.2.2.2　结果与讨论

（1）响应曲面法优化操作条件。将上述热碱预处理试验所得的第4d的挥发酸产量结果使用Design Expert进行数据分析，得到热碱预处理对共发酵体系产酸量影响的二次回归方程如下：

$$Y=-5347.4+206.5A+91402.7B+2301C+7.4D-1857.6AB-149.8AC+0.43AD$$
$$+190028BC-589.9BD-3.7CD \tag{4-1}$$

式中　A——温度，℃；

$\quad\quad B$——碱投加量，gNaOH/gTSS；

$\quad\quad C$——菌糠投加量，g/gVSS；

$\quad\quad D$——加热时间，min。

对该回归模型方程进行方差分析（ANOVA）和相关系数分析。方差分析中，F-value=6.58，P-value（0.0283）<0.05，这充分说明了该模型是显著的（$P<0.05$即表示该项显著），由此可知该回归方程描述加热温度、加碱量、加热处理时间和菌糠投加量这四个因子与总挥发酸产量这一响应值之间的二次回归方程关系是显著的，也即对剩余污泥产挥发酸的效果显著。而在相关系数分析中，模型的R^2=0.9343，调整R^2=0.8830，模拟R^2=0.3342，这说明了该模型具有良好的回归性，且能够解释88.3%的响应值变化。噪音比信号值（信噪比）=9.563>4，说明该模型具有足够信号用响应曲面法。

（2）双因素影响效果分析。在回归方程式（4-1）的基础上，每两个因素之间作等高线图和3D图共12幅图，如图4-3～图4-8所示。从图中绿、黄、橙、红颜色的依次变化，可以直观观察出该体系产挥发酸的变化情况。而等高线的变化趋势可以反映每两个因素对挥发酸产量的影响强弱以及两因素之间是否有交互作用。

图4-3反映了投加碱量和加热温度对共发酵体系产酸量的影响。结果表明，

投加碱量越大，所产挥发酸总量提升明显，且在所选取范围之外可能会有一定程度的提升。但考虑到后续厌氧发酵产酸过程，过高的碱投加量会抑制产酸细菌的代谢活性，甚至导致部分细菌的死亡，因此设定投加碱量的极限值为0.12g/gTSS，在投加碱量为大于0.068g/gTS时，颜色进入红色区域，挥发酸总产量均高于10526mgCOD/L，且随加碱量的提高而有较大幅度提升。与加碱量相比，加热温度对共发酵体系的挥发酸总产量的影响要小得多，效果不显著。

图4-4反映了加热温度和菌糠投加量对共发酵体系产酸量的影响。结果表明，双孢菇菌糠的投加量对共发酵体系的产酸能力有明显提升，投加量越大，效果越明显。当菌糠投加量大于0.755g/gVSS时，颜色进入红色区域，挥发酸总产量均高于9153mgCOD/L，且随菌糠投加量的提高而有较大幅度提升。而加热温度与菌糠投加量对挥发酸产量的影响相比，效果不很显著。

图4-5反映了加热温度和加热时间对共发酵体系产酸量的影响。结果表明，随着加热温度的升高和加热时间的延长，挥发酸产量有下降趋势。这可能是因为过高的温度和过长的加热时间能够使剩余污泥中的微生物分泌的酶活性下降，甚至使细胞死亡，从而导致体系发酵产酸能力的下降。因此，可选择在较低温度下加热较短时间，以保证后续产酸发酵过程的顺利进行。

图4-6反映了加碱量和菌糠投加量对共发酵体系产酸量的影响。该图表明，随着加碱量和菌糠投加量的增加，挥发酸产量迅速升高，且投加量越大，效果越明显。在碱投加量大于0.088g/gTSS，菌糠投加量大于0.75g/gVSS时，颜色进入红色区域，挥发酸产量高于10735mgCOD/L。二者对挥发酸产量的影响作用存在一定的协同效应，只有在上述范围内才能达到良好的处理效果。二者对挥发酸产量的影响基本持平。

图4-7反映了加碱量和加热时间对共发酵体系产酸量的影响。结果表明，随着加碱量的升高，挥发酸产量明显提升，且投加碱量越大，效果越明显。在碱投加量大于0.068g/gTSS时，颜色进入红色区域，挥发酸产量高于9954mgCOD/L。与加碱量相比，加热时间对共发酵体系的挥发酸总产量的影响要小得多，效果不显著。

图4-8反映了菌糠投加量和加热时间对共发酵体系产酸量的影响。结果表明，随着菌糠投加量的升高，挥发酸产量明显提升，且投加菌糠越大，效果越明显。在碱投加量大于0.041g/gTSS时，颜色进入红色区域，挥发酸产量高于9292mgCOD/L。与菌糠投加量相比，加热时间对共发酵体系的挥发酸总产量的影响要小得多，效果不显著。

由上述分析可知，该四因素均可提高污泥与菌糠共发酵体系产酸量的总挥发酸产量，它们对该过程的影响大小依次为：菌糠投加量、碱投加量、加热温度、加热时间。使用Design-Expert软件给出的最优化挥发酸产量的30组参数中，经过经济性分析选择出最佳优化条件为：菌糠投加量0.82g/gVSS，碱投加量0.11g/gTSS，加热温度80.75℃，处理时间19.86min，第4d总挥发酸产量的预测值为10235mgCOD/L。

采用同样的方法对单独热碱处理的试验进行回归分析，得出最优化条件为：碱投加量0.087g/gTSS，加热温度79℃，处理时间26.41min，第4d总挥发酸产量的预测值为8698mgCOD/L。

（3）模型验证。依据热碱预处理组的最佳试验条件所得结果，即在菌糠投加量0.82g/gVSS，碱投加量0.11g/gTSS，加热温度80.75℃，处理时间19.86min的操作条件下，进行3组平行试验，得到的总挥发酸产量分别为9980mgCOD/L、9545mgCOD/L和9844mgCOD/L，与软件的预测值10235mgCOD/L十分接近。该验证试验也证明了该模型的可靠性。

依据单独热碱预处理组最佳试验条件所得结果，即在碱投加量0.087g/gTSS，加热温度79℃，处理时间26.41min的操作条件下，进行3组平行试验，得到的总挥发酸产量分别为8527mgCOD/L、8464mgCOD/L和8790mgCOD/L，与软件的预测值8698mgCOD/L十分接近。该验证试验也证明了该模型的可靠性。

该对比试验表明，投加菌糠组比未投加组挥发酸产量提升17.7%，由此表明投加双孢菇菌糠对厌氧发酵产挥发酸具有明显促进作用。

4.2.3 超声预处理剩余污泥与菌糠共发酵产酸工艺参数优化

4.2.3.1 试验设置

本试验考察超声预处理方式对共发酵体系产挥发酸总量的影响。考察的因素数有共有3个，分别为声能温度、超声时间、菌糠投加量。因此，可以使用均匀设计法进行试验设计。本试验的每个因素取6个水平，因素水平设计表如表4-13所列。

表4-13 超声预处理试验设计表

因素	1	2	3	4	5	6
声能密度/（kW/L）	0.2	0.4	0.6	0.8	1.0	1.2
超声时间/min	5	10	15	20	25	3
SMS投加（VSS$_{SMS}$：VSS$_{WAS}$）	0	0.2	0.4	0.6	0.8	1.0

由表4-13知,本组试验因素水数为3,3个因素的一次项及二次项各有3项,3项因素间的两两交互作用设有3项,共9项,试验数不能小于9(按二次函数模拟计算),为增加精度,按表$U_{12}(12^{10})$进行试验设计。$U_{12}(12^{10})$设计表、使用表分别如表4-10、表4-11所列。

按照上述两表,进行了超声预处理的试验设计,即采用1、6、9列进行试验。具体试验设计如表4-14所列。

表4-14 单独超声预处理试验设计表

试验号	声能密度/(kW/L)	超声时间/min	SMS投加比(VSS$_{SMS}$:VSS$_{WAS}$)
1	0.2	15	0.8
2	0.2	30	0.6
3	0.4	15	0.2
4	0.4	30	0
5	0.6	10	1.0
6	0.6	25	0.6
7	0.8	10	0.4
8	0.8	25	0
9	1.0	5	1.0
10	1.0	20	0.8
11	1.2	5	0.4
12	1.2	20	0.2

也同时进行了单独超声预处理的试验(即不加菌糠的)。该处理方式只有两个因素:超声的声能密度和超声时间。因此,该试验设计与碱预处理污泥与菌糠共发酵体系的试验设计相同。先进行固定超声时间变化声能密度的试验,待确定挥发酸产量最高组的超声时间后,再以此声能密度,变化超声时间。

4.2.3.2 结果与讨论

(1)响应曲面法优化操作条件。将上述试验所得的第4d的挥发酸产量结果使用Design Expert进行数据分析,得到超声预处理对共发酵体系产酸量影响的二次回归方程如下:

$$Y=4559.73+343.42A+70.07B+2874.3C+110.95AB-1621.17AC-111.08BC \quad (4-2)$$

式中 A——声能密度,kW/L;

　　B——超声时间,min;

　　C——SMS投加比(VSS$_{SMS}$:VSS$_{WAS}$)。

对该回归模型方程进行方差分析（ANOVA）和相关系数分析。方差分析中，F–value=24.28，P–value（0.0015）<0.05，这充分说明了该模型是显著的（P<0.05 即表示该项显著），由此可知该回归方程描述声能温度、超声时间、菌糠投加量这三个因子与总挥发酸产量这一响应值之间的二次回归方程关系是显著的，也即对剩余污泥产挥发酸的效果显著。而在相关系数分析中，模型的R^2=0.9668，调整R^2=0.9270，模拟R^2=0.8157，这说明了该模型具有良好的回归性，且能够解释92.7%的响应值变化。信噪值Adep Precision=13.944>4，说明该模型具有足够信号用响应曲面法。

（2）双因素影响效果分析。在回归方程式（4-2）的基础上，每两个因素之间作等高线图和3D图共6幅图，如图4-9～图4-11所示。从图中绿、黄、橙、红颜色的依次变化，可以直观观察出该体系产挥发酸的变化情况。而等高线的变化趋势可以反映每两个因素对挥发酸产量的影响强弱以及两因素之间是否有交互作用。

图4-9反映了声能密度和超声时间对共发酵体系产酸量的影响。该图表明，随着声能密度和超声时间的增加，挥发酸产量迅速升高，且投加量越大，效果越明显。在声能密度大于0.067kW/L，超声时间大于23.75min时，颜色进入红色区域，挥发酸产量高于8300mgCOD/L。二者对挥发酸产量的影响作用存在一定的协同效应，只有在上述范围内才能达到良好的处理效果。二者对挥发酸产量的影响基本持平。

图4-10反映了声能密度和菌糠投加量对共发酵体系产酸量的影响。结果表明，声能密度的增大对共发酵体系的产酸能力有明显提升，且声能密度越高，效果越明显。在声能密度大于0.067kW/L，颜色进入红色区域，挥发酸总产量均高于8472mgCOD/L，且随声能密度的增大而有较大幅度提升。而菌糠投加量与声能密度对挥发酸产量的影响相比，效果不很显著。甚至当菌糠投加比例大于0.85g/gVSS时，颜色从红色区域转为黄色区域。可见对于超声预处理后的剩余污泥，投加较多量的双孢菇菌糠对该厌氧发酵体系的冲击作用较大，反而导致产酸效果下降。这可能是因为双孢菇菌糠成分比较复杂，超声预处理后污泥中的内容物与菌糠中的某些成分结合反而导致液相中有机质减少。

图4-11反映了超声时间和菌糠投加量对共发酵体系产酸量的影响。结果表明，超声时间的增大对共发酵体系的产酸能力有明显提升，且声能密度越高，效果越明显。在超声时间大于20.03min时，颜色进入红色区域，挥发酸总产量均高于8770mgCOD/L，且随声能密度的增大而有较大幅度提升。而菌糠投加量与超声时间对挥发酸产量的影响相比，效果不很显著。且呈现于声能密度相比同样的趋

势，即随着菌糠投加量的增大，挥发酸产量不增反降。

由上述分析可知，该三因素对共发酵体系产酸发酵过程的影响大小依次为：声能密度、超声时间、菌糠投加比例。使用Design-Expert软件给出的最优化挥发酸产量的30组参数中，经过经济性分析选择出最佳优化条件为：菌糠投加量0.57g/gVSS，声能密度为0.98kW/L，处理时间29.7min，第4d总挥发酸产量的预测值为8128mgCOD/L。

（3）模型验证。依据双频超声预处理组的最佳试验条件所得结果，即在菌糠投加量0.57g/gVSS，声能密度为0.98kW/L，处理时间29.7min的操作条件下，进行3组平行试验，得到的总挥发酸产量分别为8092mgCOD/L、8219mgCOD/L和7983mgCOD/L，与软件的预测值8128mgCOD/L十分接近。该验证试验也证明了该模型的可靠性。

而单独超声预处理的试验结果表明，在声能密度为1kW/L，处理时间为30min时能够达到的最大挥发酸浓度为7756mgCOD/L。该对比试验表明，投加菌糠组比未投加组挥发酸产量提升4.8%。由此表明投加双孢菇菌糠对超声预处理后的污泥厌氧发酵产挥发酸具有一定的促进作用，而与双孢菇菌糠对碱预处理后的污泥厌氧发酵的促进作用相比减弱了许多。

4.3　污泥预处理对污泥与菌糠共发酵产酸性能提升的影响

4.3.1　溶解性有机质的变化

剩余污泥厌氧发酵主要利用的有机物是污泥中的蛋白质和总糖。因此，本部分通过对剩余污泥与菌糠共发酵体系中的溶解性蛋白质、溶解性总糖和溶解性COD来描述该体系的水解情况。

图4-12描述的是4组反应器内的溶解性蛋白质随发酵时间变化的情况。由图看出，1～3试验组均在发酵第1d出现蛋白质浓度的激增，而0号空白组中得蛋白质浓度并未增加。表明共发酵体系中的蛋白质含量明显高于空白组。由于污泥微生物的胞外聚合物（EPS）的主要成分为蛋白质和碳水化合物，经过预处理的污泥体系中EPS被水解，将大量的蛋白质和糖类物质释放到液相中。此外，双孢菇菌糠中的蛋白质类物质也通过厌氧发酵过程溶于液相中。1、2组在随后的2～4d内蛋白质浓度有下降趋势变化缓慢，第5d达到最大值，而3组在第4d达到最大值，0组依旧变化缓慢且浓度维持在较低水平。这可能是因为EPS所释放的有机质正在被体系中的产酸菌所利用而生成挥发酸，因此液相中的蛋白质浓度未有明显升

高，反而在第3d有所下降。而随着发酵时间的延长，微生物细胞壁慢慢被打破，细胞结构被破坏，细胞内部的蛋白质、糖、核酸等被大量释放出来，因此导致了液相中有机质浓度的再一次激增。而对于未经任何处理的空白组，由于未有预处理这一过程，因此该体系的水解过程是较为缓慢而稳定的，因此所表现出的液相中蛋白质浓度与试验组相比也较稳定。各组均在6d开始呈现下降趋势且保持该趋势至发酵结束。这是因为体系中产生的大量有机质逐渐被微生物利用转变为挥发酸、甲烷等物质。1～3试验组所表现出的趋势不尽相同：1、2均为碱处理组，变化趋势一致，均在第5d达到最大值，而3组超声组为第4d。这是因为碱预处理对污泥的作用是一个长期的过程，它不仅仅作用于污泥的水解初期，更对之后的产酸过程有调节作用。而超声对污泥进行预处理便是对污泥细胞的破壁有较大促进作用，与碱处理相比对后期污泥发酵产酸的促进作用相对减弱。3个试验组蛋白质释放量最高日与空白组相比分别提高55.2%、61.7%和45.4%。

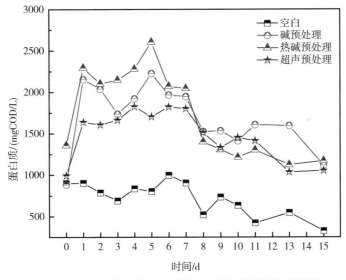

图4-12　各反应器内溶解性蛋白质随发酵时间的变化

图4-13描述的是4组反应器内的溶解性总糖随发酵时间变化的情况。由图看出，与溶解性蛋白质随时间变化的规律类似，3个试验组的溶解性总糖亦是在发酵后第1d急剧增加空白组总糖浓度变化不大，无明显升高或降低。3组试验组的总糖浓度在第1d急剧升高的原因为EPS释放的糖类以及双孢菇菌糠中所含的大量纤维素、半纤维素、木质素融入液相中，被体系中的水解细菌分解为多糖。2～7d各组均呈缓慢上升趋势，并无明显下降，第8d后逐渐下降。这是因为共发酵体系中微生物细胞向液相中释放糖类的速度与产酸细菌利用糖类生产挥发酸的速度持平，

因此体系中总糖浓度保持了相对平稳的平衡过程。而8d之后，由于水解阶段基本完成，转为产酸阶段，因此由水解作用所产生的溶解性糖类物质减少，产酸菌利用糖类产挥发酸的速度大于体系中糖类增加的速度，因此表现出溶解性总糖的积累量逐渐下降。2组热碱预处理组溶解性总糖的浓度明显比1组碱预处理组要高，这可能是因为污泥加热后能够破坏细胞膜卵磷脂层的蛋白质，因此可以促进具有较厚较硬实的细胞壁的污泥细胞的破解，因此液相中的总糖的浓度比碱处理要高。这也与前人对于加热与加碱联合对污泥进行预处理的效果好于单独用碱预处理的结论相吻合。3组超声预处理组的变化趋势与1组基本一致，且总糖浓度均低于1、2组。3个试验组总糖释放量最高日与空白相比分别提高78.4%、82.6%和75.2%。

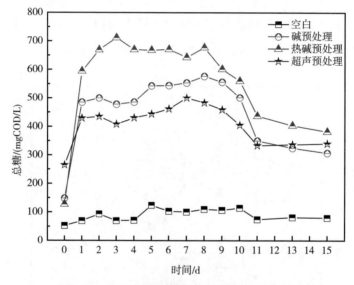

图4-13　各反应器内溶解性总糖随发酵时间的变化

图4-14描述的是4组反应器内的溶解性COD随发酵时间变化的情况。由图看出，从第2d开始，3个试验组的SCOD逐渐升高，1、2组在第5d达到最大值，3组在第4d达到最大值，平稳波动后逐渐降低，第10d后大幅下降。SCOD主要由液相中的蛋白质、总糖、碳水化合物等组成，因此SCOD先增大后减小正是表现了系统内的平衡过程。水解阶段（即发酵前期）SCOD升高，是由于污泥细胞絮体脱落、细胞壁破碎内溶物大量溢出以及菌糠中的还原性物质溶出等；产酸阶段由于有机质转化为挥发酸，使得SCOD略有下降，但水解产生的物质还能够使SCOD维持在较高水平；当产甲烷菌不可抑制的产生时，有机质逐步转化为CO_2和H_2排出系统外，因此SCOD大幅下降。空白组的SCOD变化不大，基本维持在1500mgCOD/L左右。2组的SCOD浓度高于1、3两组。这与上述蛋白质和总糖的浓度表现一致。3个

试验组SCOD释放量最高日与空白相比分别提高72.4%、76.3%和66.7%。

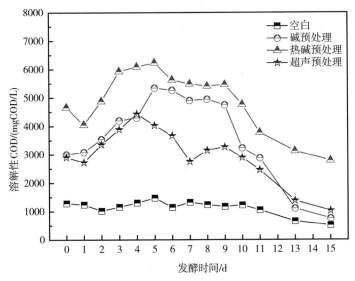

图4-14　各反应器内SCOD随发酵时间的变化

除了上述3个指标，溶胞率也可以用来表示剩余污泥的水解程度，其计算公式见式（2-3）。

由溶胞率公式可看出，它表示的是试验组的污泥体系相对于原泥来讲，SCOD的释放量。1、2、3组SCOD最高日的溶胞率经测定分别为38.6%、41.9%、36.5%，空白为11.2%。由此可知，3个试验组相对于空白组溶胞率的增幅较大，可以表明该体系的水解效果良好。

4.3.2　挥发酸产量及其组成的变化

在本试验条件下，剩余污泥与双孢菇菌糠共同进行厌氧发酵主要产生六种挥发性短链脂肪酸，这六种酸分别为乙酸、丙酸、正丁酸、异丁酸、正戊酸和异戊酸。图4-15为四组反应器内的总挥发酸浓度随发酵时间的变化情况，表4-15为总会发酸浓度最大日各组的酸产量。图4-16～图4-21为上述六种单独的挥发酸浓度随发酵时间的变化情况。图4-22、图4-23分别为各组总挥发酸浓度最大日时的各挥发酸分布图和各酸所占百分比图。

图4-15中，阶段1代表污泥驯化阶段系统内总挥发酸浓度的变化情况，在污泥驯化第12天起开始进行阶段2连续流试验。由该图的阶段2可以看出，挥发酸产量在连续流发酵试验的1～4d（以连续流启动之日作为发酵第1d）并未有较大提

升，呈小幅度增长趋势，在发酵第5d三个试验组均出现激增，空白组的总挥发酸浓度在第5d也有较大幅度提升。这是因为1～4d反应系统中的污泥微生物处于适应阶段，且正处于水解反应剧烈阶段（该结论也可以从系统中的蛋白质浓度、总糖浓度在发酵前4d有较大幅度的提升而得出），因此挥发酸总产量未有大幅度的提高。发酵第5d有大量的氨基酸、多糖和单糖等水解后的小分子物质被污泥中的产酸菌转化为短链挥发酸，因此导致了总挥发酸产量的急剧升高。3组超声组在发酵第6d达到其总挥发酸积累量的最大值，随后波动下降；1、2组的总挥发酸积累量均在激增之后平稳上升，均于发酵第9d达到最大值，随后波动下降；空白组自5d后挥发酸积累量逐渐下降。由此可见，3组挥发酸积累量的最大值比1、2组提前，这与之前的蛋白质、总糖等浓度随发酵时间的变化规律一致，这是因为碱预处理对污泥厌氧发酵过程所产生的作用更为长期，由于碱性环境的存在，能够使得产生的如乙酸、丙酸等小分子中强酸与碱作用，从而破坏酸碱反应平衡，促进酸化过程。而试验组与空白组的产酸情况相比均有第二个挥发酸产量的小高峰出现，这可能是因为双孢菇菌糠的存在增加了液相中的碳源，提高了污泥系统中的碳氮比，从而更易被产酸菌利用而使产量增加。达到最高值后的挥发酸产量逐渐下降，主要原因是该系统由产酸阶段不可抑制地进入到了产甲烷阶段，甲烷等气体的产生是利用挥发酸等有机底物转化而来的，因此挥发酸积累量逐渐减少。由表4-15可以看出，3组试验组的总挥发酸积累量与空白组相比均有大幅度提升。而与驯化阶段相比，连续流试验中的挥发酸积累量明显升高，由此可知连续流系

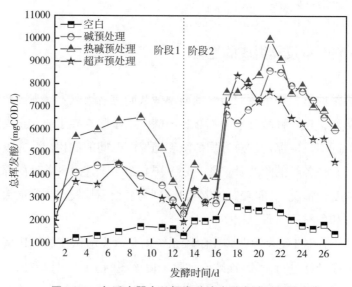

图4-15　各反应器内总挥发酸浓度随发酵时间的变化

统是较稳定且成功的。

表4-15　各反应器总挥发酸浓度最大日产酸量

试验组	SCFAs累积量/（mgCOD/L）	比空白提高/%
0	3062.4	—
1	9196.1	66.7
2	10973.8	71.8
3	8668.9	63.2

图4-16描述的是4组反应器内乙酸随发酵时间变化的情况。由图中曲线不难发现，各反应器内乙酸浓度随厌氧发酵时间的变化大体呈现先增大后降低的趋势。1～3试验组在1～8d均匀上升，均在第8d达到乙酸浓度的最大值，随后波动并稍有减少，空白组与其变化规律类似但波动不大。由乙酸浓度的均匀上升且最大值之日处于发酵后期可知，该酸并不是产酸阶段初期的大量产物，而可能是由其他物质转化而来，例如大于2个碳的其他种类的挥发酸等[137]。达到最大值后并未如总挥发酸一样迅速降低而始终维持在较高水平（3000mgCOD/L）。一方面，产甲烷菌最容易利用乙酸作为碳源转化为甲烷，因此乙酸积累量应该大幅下降；另一方面，丁酸丙酸等较长链脂肪酸不能够被产甲烷菌直接利用，而只能由产氢产乙酸菌等菌类将其转化为乙酸，因此乙酸积累量升高；由于上述两种原因的存在，使得乙酸量维持在适中水平上。3组试验组的乙酸积累量相差不大，相对于

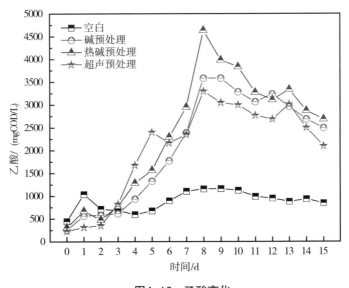

图4-16　乙酸变化

空白组分别提升67.7%、75.3%和64.9%。与总挥发酸产量的提升量相比有明显提升。由此也可以看出该联合发酵体系能够促进挥发酸中乙酸的积累。

图4-17描述的是4组反应器内丙酸随发酵时间变化的情况。由图可知，各反应器内丙酸浓度随厌氧发酵时间的变化呈现先增大后降低的趋势。与乙酸变化规律不同的是，丙酸在各反应器内出现最大值的时间为发酵第5d，随后逐级下降。由文献知，丙酸的来源主要是溶解性总糖的产酸发酵，而由于双孢菇菌糠中纤维素类物质经水解菌的分解后溶于液相增加了总糖的含量，因此丙酸在发酵前期便有了较高的积累量，第5d时丙酸含量便达到3000mgCOD/L，基本与乙酸稳定时的浓度持平，因此可看出丙酸的产量较高。而前人的热碱预处理剩余污泥厌氧发酵的试验表明，丙酸浓度达到最高值时仅为乙酸浓度的1/4。5～8d丙酸浓度大幅下降，其原因可能是转化为了乙酸，从乙酸变化图中也可看出该阶段为乙酸激增期。3组试验组的丙酸浓度相差并不大，相对于空白组分别提升58.9%、59.7%和63.3%。

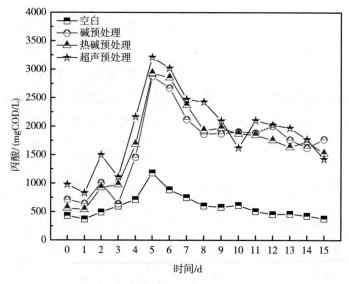

图4-17　丙酸变化

图4-18描述的是4组反应器内异丁酸随发酵时间变化的情况。与乙酸、丙酸的变化规律相比，异丁酸浓度的波动较大，但总体为前期升高后期下降趋势。值得注意的是，3组的异丁酸浓度明显高于其余各组，而空白组与1、2试验组的异丁酸浓度差异并不明显。这说明超声预处理对异丁酸的产生有很大的促进作用，而碱、热碱预处理对异丁酸浓度的提升并无太大作用。图4-19所示的正丁酸浓度的趋势与异丁酸类似，前高后低且波动较大。只是各组浓度差别并不大。丁酸前期高后期低的变化规律也是因为多碳脂肪酸向乙酸的转化。由于正丁酸亦是一

种重要的工业生产原料，因此提高正丁酸在总挥发酸中的比例亦显得尤为重要。图4-20描述的是4组反应器内异戊酸随发酵时间变化的情况。由图可知，异戊酸随发酵时间的变化与其他各酸相比较为平缓，呈逐渐升高后缓慢下降趋势。图4-21所示的正戊酸的变化波动较大，且在发酵第10d达到最大值，与丁酸、异戊酸相比高峰出现较晚。综合比较丁酸与戊酸的变化情况可以看出，3个试验组与空白组相比提升并不大；且异丁酸、异戊酸的浓度明显大于正丁酸和正戊酸，可见带有支链的挥发酸的形成较直链更有优势。

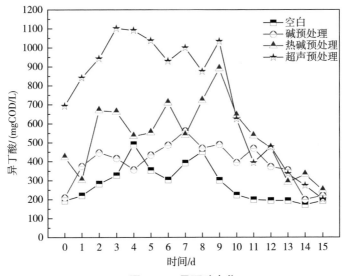

图4-18 异丁酸变化

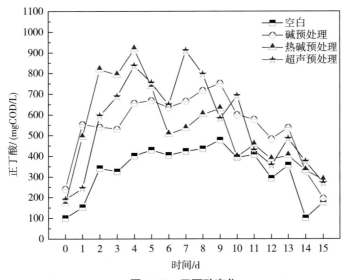

图4-19 正丁酸变化

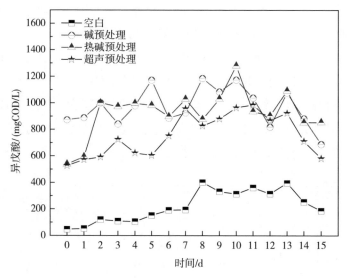

图4-20　异戊酸变化

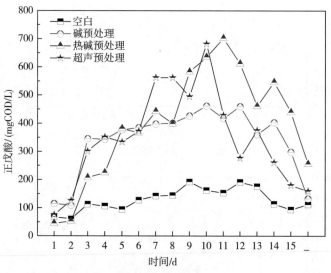

图4-21　正戊酸变化

图4-22为各组总挥发酸浓度最大日时（0组为第5d，1、2组为第9d，3组为第7d）的各挥发酸浓度的分布图，图4-23为各酸占总挥发酸浓度的百分比图。由分布图可以明显看出，1~3试验组与空白组相比各酸均有很大程度的提高。特别是乙酸产量提升最为明显，热碱处理组的乙酸产量是空白组乙酸产量的3倍左右。而1、2组的异戊酸产量明显高于3组，而3组的正丁酸浓度高于1、2组。这说明碱预处理与超声预处理对污泥厌氧发酵产挥发酸的分布是有不同影响的。由图4-23不难发现，1、2、3组的乙酸所占比例与空白组（38.4%）相比均有提升，且2组

的乙酸比例高达46.2%，这不仅说明碱预处理能够提升挥发酸中乙酸的比例，亦可以说明加热预处理能够促进乙酸的产生。此外，1、2两组的各酸分布较为相似，而3组与0组较为相似。1、2两组六种酸中乙酸（分别为42.5%，46.2%）、丙酸（21.8%，14.8%）和异戊酸（13.9%，14.4%）占明显优势，而0、3两组中的乙酸（38.4%，40%）、丙酸（18.9%，18.8%）和正丁酸（16.0%，16.9%）占优势。这便可以在需要特定制得某种酸时予以不同预处理方式，以便得到所需挥发酸。

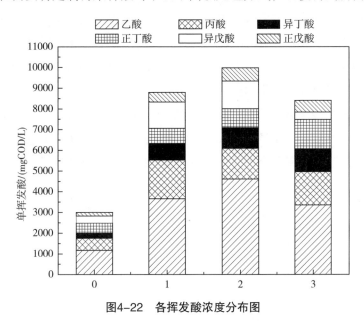

图4-22　各挥发酸浓度分布图

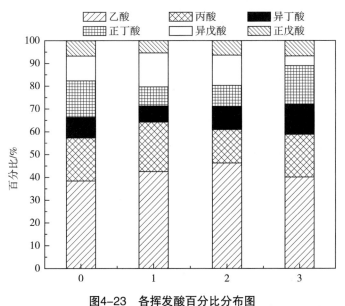

图4-23　各挥发酸百分比分布图

4.3.3 氨氮和磷的释放规律

图4-24描述的是4组反应器内氨氮浓度随发酵时间变化的情况。从理论上讲，反应器内的氨氮主要来自于污泥中的蛋白质，首先，蛋白质分解为氨基酸，氨基酸进一步进行脱氨基作用使氨基游离于液相中；另一方面，菌糠中含有大量菌丝体，菌丝体内亦存在大量蛋白质、酶等物质，该物质溶于液相也提供了一部分蛋白质。因此，随着系统中蛋白质浓度的升高，氨氮浓度也应随之升高。图4-24的结果证实了这一观点。由图可以观察到，1、2、3组均呈现先增后减的趋势，且1、2组氨氮浓度最高日为第7d，3组为第5d；0组空白组呈较平缓的降低趋势。4组的变化规律均与溶解性蛋白质的变化规律类似。1、2组的蛋白质浓度均呈现先增后减趋势，且浓度最高日为第5天，3组为第4天。由此可知，氨氮的释放比蛋白质的溶出滞后1～2d，这可能是因为将氨基酸脱氨基转化为CO_2和水也是需要一定时间的，因此该滞后是完全合理的。空白组的氨氮含量未有升高反而一直降低，其原因是蛋白质的水解程度较低因此氨氮的释放量也降低，此外，没有双孢菇菌糠中蛋白质的补充也是其氨氮含量不增反降的重要原因。

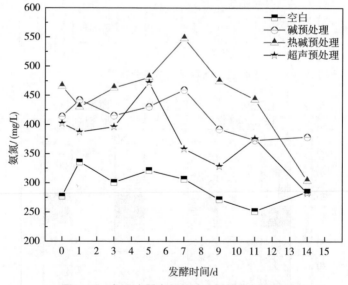

图4-24 各反应器内氨氮浓度随发酵时间的变化

图4-25描述的是4组反应器内总磷浓度随发酵时间变化的情况。污泥厌氧发酵中的磷来自于污泥细胞膜以及细胞内部核酸、聚磷酸盐、含磷化合物等物质。磷的释放与吸收是通过一类兼性菌聚磷菌完成的，该细菌遵循"厌氧释磷，好氧摄磷"的规律对磷酸盐进行使用。由该图可知，在发酵1～4d，4组均呈现总磷浓度

的下降。这可能是因为驯化阶段的污泥处于严格厌氧状态，而新加入的污泥未进行排除空气的处理，因此新进入的带有少量氧的污泥给原本的严格厌氧体系造成了一定的冲击，聚磷菌利用氧气进行磷的摄取并合成聚磷菌细胞物质。5d后，虽仍有微量氧气进入，但体系此时已保持稳定因而不再受到微氧冲击，此时聚磷菌在厌氧条件下充分释放磷酸盐，致使液相中的总磷浓度不断上升，于7~8d达到最大值，之后缓慢降低。这可能是因为污泥中含有的少量金属、重金属离子与磷酸盐反应生成鸟粪石等沉淀，使液相中总磷浓度减少。4组总磷浓度未有明显差异，因此可知预处理与菌糠的投加未能对聚磷菌一类微生物起到积极或消极的作用。

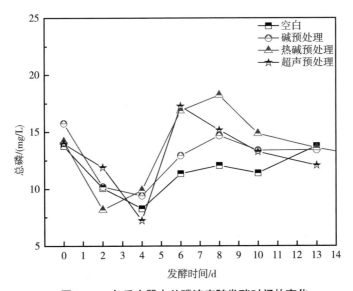

图4-25　各反应器内总磷浓度随发酵时间的变化

4.3.4　水解发酵过程中水解酶活性的变化

污泥表面的胞外聚合物（主要成分为蛋白质以及碳水化合物）以及絮体等经各种预处理后脱离污泥表面并溶解于液相。这时存在于液相中的水解细菌分泌水解酶将有机质水解为小分子的有机物，例如多肽、蔗糖、脂肪酸等，再被微生物吸收同化。因此，本部分考察了4个试验组在发酵初期（也即水解阶段）的碱性磷酸酶、酸性磷酸酶、α-葡萄糖苷酶以及蛋白酶的活性。其中，酸、碱性磷酸酶是通过水解磷酸单酯将底物分解成磷酸根离子和羟基；α-葡萄糖苷酶是通过水解α-1,4葡萄糖苷键来专一水解葡萄糖分子；蛋白酶即是通过打断肽键将大分子蛋白质分解为多肽。以上四种酶作用于不同物质，也从各个方面反映出系统的水解情况。图4-26是发酵第3d时各组四种水解酶活性的柱状图。单位是U（active unit），其定义为在最适条件下，1min能转化1mmol底物的酶量，即$1U=1mmolmin^{-1}$。图中的第一列为原泥（从二沉池取回的新鲜剩余污泥于4℃下保存），0为空白组，1～3组分别为3个试验组。

由图4-26可知，0～3组厌氧发酵污泥的碱性磷酸酶活性较剩余污泥相比均有大幅度增长，其活性分别提高27.9%、49.1%、51.4%、44.6%。由于碱性磷酸酶在碱性条件下活性较高（其最适宜pH值为10左右），因此1、2两组的该酶活性明显高于0、3组。1、2、3组较空白0组酶活性分别提高21.2%、23.5%、16.7%。

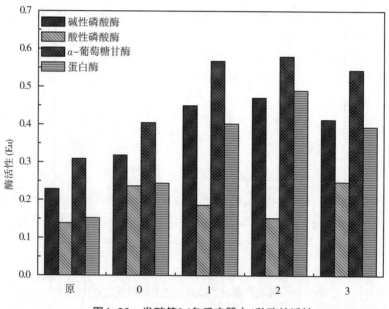

图4-26　发酵第3d各反应器内4种酶的活性

酸性磷酸酶活性的变化与碱性磷酸酶大为不同。4个试验组与新鲜剩余污泥相比酸性磷酸酶活性分别提升41.7%、16.9%、9.0%、44.3%。由于酸性磷酸酶在弱酸性、酸性条件下活性较高，1、2组由于NaOH的投加导致碱性环境的产生，因此1、2组的酸性磷酸酶活性虽比剩余污泥要高，但远低于0、3组。而0、3组由于未经碱处理，污泥厌氧发酵过程中产生的挥发酸会使得体系的pH值逐渐降低，因此该两组的酸性磷酸酶活性得到大大提升，且3组略高于0组。

α-葡萄糖苷酶、蛋白酶的变化规律与碱性磷酸酶类似。试验组与剩余污泥相比，α-葡萄糖苷酶活性分别提升37.6%、45.6%、46.7%、43.2%，蛋白酶活性分别提升37.9%、62.2%、68.9%、61.4%。而1、2、3组较空白0组的α-葡萄糖苷酶活性分别提高17.5%、19.5%、13.1%，蛋白酶活性分别提高39.1%、45.0%、

38.3%。该两种酶活性的提升效果均为2>1>3。

由上述分析可知，对于碳水化合物和蛋白质等物质的水解，经预处理且加有菌糠的发酵体系的水解能力有大幅度提升。究其原因，一方面可能是因为预处理后的污泥絮体及细胞壁破裂，细胞内的水解酶释放到液相中，提高了液相中水解酶浓度，其外观表现便是酶活性的提升；另一方面，双孢菇菌糠中含有大量脱落的菌丝体，菌丝体内包含各种酶类物质，融入液相的酶类物质也能够使水解酶浓度增加。水解酶活性的提升说明了剩余污泥与双孢菇菌糠共发酵体系的水解能力与单独剩余污泥厌氧消化相比有很大提升，而由于水解阶段正是污泥厌氧发酵产酸的限速阶段，因此水解能力的提升正是为之后酸化性能的提升提供了底物保障。

4.3.5　污泥减量化程度分析

TSS是污泥中悬浮性总固体的量，其表观表现便是污泥的浓稀程度，因此TSS的降低正是污泥减量的一个重要标志。VSS是指污泥中可挥发性的总固体量，亦即有机质含量，污泥的VSS在TSS里所占的比重能够反映出该污泥的可降解性。

为了验证污泥厌氧发酵的减量化效果，对4组反应器的初始（1d）、中期（8d）、终了（16d）的TSS和VSS进行了测定，图4-27、图4-28详细描述了各组反应器的TSS、VSS减量效果对比情况。表4-16与表4-17分别为4组反应器在发酵1d、8d、16d的TSS、VSS减量百分比。

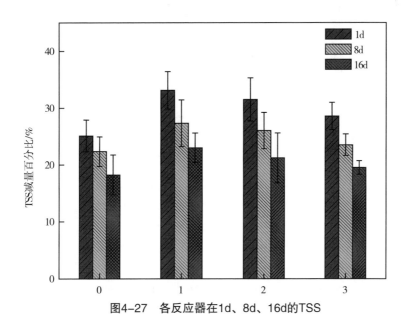

图4-27　各反应器在1d、8d、16d的TSS

表4-16　各组反应器8d、16d的TSS减量百分比

试验组	8d减量百分比/%	16d减量百分比/%
0	14.9	27.4
1	17.5	39.5
2	18.2	43.4
3	19.3	41.2

由图4-27、表4-16可知，各组的TSS均在产酸发酵期内有着大幅度的降低。1、2、3组的TSS初始值由于双孢菇菌糠的投加而升高，在发酵过程中虽然始终高于空白组，但TSS减量百分比却远大于空白组。这说明剩余污泥与菌糠共发酵体系对于污泥的减量化有明显促进作用。由8d和16d的减量数据对比可知，前8d的减量百分比与后8d基本持平，可知厌氧发酵过程中的TSS的降低是平缓而均匀的。1~3组的TSS减量化效果差距不大，均为40%左右。TSS下降的主要原因是挥发性物质和甲烷等气体的产生排除反应器外。

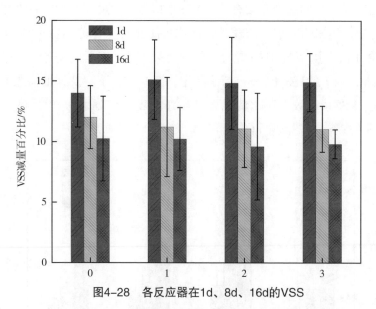

图4-28　各反应器在1d、8d、16d的VSS

表4-17　各组反应器8d、16d的VSS减量百分比

试验组	8d减量百分比/%	16d减量百分比/%
0	19.3	32.5
1	31.3	44.3
2	33.8	48.7
3	32.9	46.2

由图4-28、表4-17可知，各组的VSS均在产酸发酵期内有着大幅度的降低。由于双孢菇菌糠中的有机质也能够增加污泥的VSS，因此初始时1~3组的VSS也略高于空白。由表4-13中8d和16d的VSS减量数据对比可知，0~3组的VSS在发酵前8d的减量百分比明显高于后8d，前8d的VSS减量占总减量的百分比分别为59.4%、70.7%、69.4%、71.2%，由此可以看出VSS的减少主要是在发酵前期。这是因为发酵前期多进行水解、破壁等过程，污泥中难降解的不易挥发的大分子物质经发酵体系内的微生物作用而转变成易降解且易挥发的小分子物质，而VSS正是易挥发固体物质的总量，因此在发酵前期减少较多。发酵后期进行了产甲烷反应，系统中甲烷的溢出也是VSS减少的重要原因之一。1~3组的VSS减量较空白组均有大幅提升，这也能够说明剩余污泥与菌糠共发酵体系的减量效果显著，能够很好地完成污泥减量化这一要求。

4.4　不同共发酵体系产挥发酸经济性分析

本部分的目的是研究剩余污泥与双孢菇菌糠共发酵体系产酸性能的提升，最终目的是为了能够产生更多的挥发酸。因此，对各组反应器进行经济性分析亦是不可或缺的步骤。

表4-18所示为反应器污泥厌氧发酵所需的经济支出。加热预处理指热碱预处理时的加热所需电费（按1个反应器600mL来计算），水浴恒温指反应器运行期间水浴温度维持在35℃所需电费，磁力搅拌器运行指反应器运行期间对污泥进行搅拌所需电费，超声仪运行指超声预处理时所需电费，NaOH指碱预处理时投加到污泥中的NaOH费用。电费、试剂费均按当地标准价格计算。

表4-18　污泥厌氧发酵反应器运行费用项目

经济支出项目	费用
加热预处理	6.6×10^{-4}RMB/℃
水浴恒温	0.24RMB/d
磁力搅拌器运行	0.54RMB/d
超声仪运行	0.004RMB/min
NaOH	0.04RMB/g

按照表4-18中的费用明细，对各反应器内的产酸成本进行分析。4个反应器均取挥发酸产量最大日的产量，以产生每克挥发酸所需RMB为核算标准进行制表，如表4-19所列。

表4-19　各组经济性对比

指标	0	1	2	3
挥发酸产量（mgCOD/L）	3062.7	8596.1	9973.8	8368.96
比能耗（RMB/gSCFAs）	2.77	0.97	0.88	1.01

由表4-19可以看出，相对于0组，1～3组虽进行过耗费能量的预处理，但由于挥发酸产量的激增而致使每生产1g挥发酸所需的费用大大降低。与空白相比，1～3组的比能耗分别减少65.0%、68.2%、63.5%。单从经济性数据上来看，2组高于1、3组。但由于各组的挥发酸组成成分不同、达到最大日的时间不同，因此可根据实际需要确定污泥预处理方式。而无论哪种共发酵方式均能大大降低生产挥发酸所需能耗。

4.5　本章小结

本章主要进行了预处理对剩余污泥与双孢菇菌糠共发酵产短链挥发性脂肪酸性能提升的研究，得出的结论如下。

（1）采用均匀设计法进行试验设计、响应面法对预处理剩余污泥与双孢菇菌糠共发酵的试验数据进行多项式回归分析，以总挥发酸产量为响应值，确定污泥碱预处理、热碱预处理、超声预处理的最优化操作条件、双孢菇菌糠与剩余污泥的投加比例等参数。得到结果为：碱预处理在碱投加量为0.075g/gTSS、菌糠投加量为0.9g/gTSS下，预测最大挥发酸产量为7802mgCOD/L；热碱预处理在碱投加量为0.11g/gTSS、80.7℃下加热处理29.7min、菌糠投加量为0.82g/gTSS下，预测最大挥发酸产量为10235mgCOD/L；超声预处理在声能密度为0.98kw/L、处理时间为29.7min、投加菌糠量为0.57g/gTSS下，预测最大挥发酸产量为8128mgCOD/L。实际值与预测值结果十分接近，能够验证模型的有效性。

（2）在上述参数条件下进行半连续流的污泥厌氧发酵产酸试验，试验结果表明，污泥预处理能够显著提升污泥发酵液中的有机质浓度，同时有效地促进氨氮、磷酸盐的释放，且三种预处理方式均能有效促进污泥水解。但三种预处理方式对污泥的作用效果不同，由于碱、热碱预处理方式对剩余污泥的作用周期较超声预处理更长，因此对后续产酸影响更大。双孢菇菌糠的投加显著提高了液相中碳水化合物、蛋白质等的浓度，调节碳氮比，对污泥厌氧发酵产酸起到良好的促进作用。

（3）污泥预处理能够显著提高剩余污泥与双孢菇菌糠共发酵的挥发酸的产量。3个共发酵体系以促进污泥产酸和经济性方面的排序为热碱预处理＞碱预处理＞超声预处理，且相对于单独剩余污泥厌氧发酵产酸量分别提高66.7%、71.8%、63.2%。3组反应器中占优势的酸都有乙酸、丙酸，碱预处理组戊酸产量较高，超声处理组丁酸产量较高，且与单独剩余污泥厌氧发酵相比均能提高乙酸的比例。研究还发现，双孢菇菌糠与污泥共发酵体系的总挥发酸产量比单独采用剩余污泥或者预处理后的剩余污泥进行厌氧发酵产酸相比有大幅度提升，且产酸量高于剩余污泥产酸与菌糠自身发酵产酸之和。

（4）预处理剩余污泥与双孢菇菌糠共发酵体系能有效实现污泥进行减量化和无害化。发酵末期的TSS、VSS相对于新鲜剩余污泥有大幅度减少。

第5章

酿造废弃物投加对污泥共发酵产酸性能影响

5.1 概述

醋糟、酒糟和酱糟是酿造业最常见的三种酿造废弃物，是食品行业的主要副产品或者废弃物之一。这三种典型的酿造废弃物组分复杂，含有很多可利用的资源。如何将酿造废弃物中的这些资源最大化地加以利用，充分发挥它们的经济价值，具有很大的研究意义。

醋糟的资源化利用一直备受人们的关注，主要将醋糟应用于以下方面：饲料生产[138~140]、食用菌培料[141,142]、植物无土栽培基质[143,144]、医药[145,146]和生物质能源[147~150]等。将醋糟应用于这些领域存在一定的弊端，如饲料生产和食用菌栽培，不仅处理量小而且耗能较大。这是由于醋糟饲料化需要经过烘干，这一成本较高；而且醋糟本身的纤维含量过高，动物吸收消化存在一定的困难。近些年，关于醋糟的研究人们主要将重心投入到生物转化制备清洁能源气体上。众多研究表明，利用醋糟厌氧发酵制取清洁能源气体可以得到较好的效果。如何将醋糟更好地利用在污泥厌氧发酵中，充分发挥这类废弃有机质中各自的有用资源，具有重大的意义。

酿酒行业的必然产物酒糟，其中含有没有完全被利用的成分，包括粗淀粉、粗纤维、粗蛋白和粗脂肪等。除此之外，醋糟中残留的还有各种酶类、有机酸、多种嘌呤、嘧啶和脂类化合物等[151]。酒糟主要有白酒糟、啤酒糟、酒精糟等。由于我国白酒、啤酒和乙醇需求量正逐步增加，其副产物产量自然也会随着呈现增加的趋势。以白酒来说明，据统计分析结果，2014年白酒总产量有125.71万吨，与此同时得到的酒糟产量为377.13万吨[151]。目前酒糟应用较多的有很多方面，诸如畜禽饲料、食用菌栽培材料、有机肥、吸附材料制造、粗酶制剂生产、提取有机酸和木糖醇、生物制氢、制沼气等[152~154]。

食品行业重要的调味品之酱油，是一种传统的发酵物，在生活中必不可少。制酱所用原料大多为豆类或者富含淀粉的谷类物质，制酱时酱醪经过淋油压榨或抽油过程后就形成了深棕色的残渣，也即酱糟。而这种生产酱油的副产品酱糟，它的特点有来源广泛、成本低、水分和盐分含量高、运输困难、容易发生腐败变质等。有统计表明，每生产1kg酱油，产生的酱油渣约为0.67kg[155]。研究还表明，制酱过程中，仅仅利用了原料当中的部分蛋白质和淀粉，还有诸多成分残留到了酱糟中，其中包括油脂、纤维、磷脂、黄酮类等宝贵资源[156]。且酱糟中蛋白含量较高，利用价值更大[157,158]。目前，酱糟的利用主要有以下几个方面：饲料或肥料生产[159~161]、鲜味剂开发[162]、提取有效成分（包括膳食纤维、磷脂、油脂、大豆异黄酮和蛋白等）[155]、发酵处理[158,163,164]等。将酱糟运用在发酵领域也正逐渐被认可。

综上所述，酿造废弃物的综合利用还需要进一步的研究，以期形成一个规范的系统，在工业生产中实现清洁生产。只有把这个综合利用系统有效运行起来，才能减轻酿造废弃物处理压力，从而实现资源利用的最大化。

5.2　醋糟调质对剩余污泥发酵产酸及蛋白质降解的影响

本部分以醋糟为代表，研究酿造废弃物作为污泥碳氮调质外加碳源对厌氧发酵过程的影响。由于醋糟成分复杂，直接将其用作外加碳源对发酵产酸的促进效果可能不是很好，需要提前将其进行预处理，剔除部分木质素，增加酿造废弃物的生物可及性。本部分选用针对纤维类物质的三种典型预处理方法，弱碱、强酸和强碱，即氨水、硫酸和热碱。预处理后作为外加碳源将其投入剩余污泥中进行共发酵，着重研究对共发酵体系蛋白质降解及产酸的影响，考察发酵过程中有机物水解、酸化、产甲烷和无机盐释放等。

5.2.1　醋糟性质

食醋是我们的餐饮行业主要的调味品之一，它的生产原料一般是粮食，酿醋结束之后会产生大量的副产品，即醋糟。醋糟的主要成分为稻壳、谷糠、高粱壳等，因酿醋原料的不同而存在差异。醋糟本身的特点是纤维含量高、酸性大、腐烂时间长，因此，醋糟的处理处置问题也是关乎城市环境治理的大问题。如若不合理利用产生的醋糟，不仅会失去这一宝贵的资源，也会对环境形成污染[165,166]。以2012年为例，全国范围内调味品醋总产量大概为300万～350万吨，而其中的山西老陈醋总产量占比较大，产量约为77万吨。有统计得出，每生产1t食醋，就会相应地产生600～700kg的鲜醋糟[167]。就山西省而言，每年的醋糟产量为50万吨左右。醋糟中粗蛋白和脂肪含量较少，碳源（纤维素）含量较多。山西老陈醋醋糟样品的平均干物质含量94.44%，其中，平均粗蛋白质含量约11.40%，粗脂肪含量约12.21%，而粗纤维含量较多，可达35.87%[168]。寻求切实可行的醋糟处理技术尤为必要。

本研究选用的外加碳源为酿造废弃物之醋糟，由于其木质纤维素含量高，主要由三类聚合物构成，即纤维素、半纤维素和木质素，这三种物质相互连接在一起形成一个复合体。正是因为这种复合体存在形式，阻碍了纤维类碳源物质在生物降解方面的应用。其中的木质素限制了纤维类物质的水解速率和水解程度，成了纤维类物质中可生物降解部分水解的一道屏障。

有研究表明，纤维素类物质的降解率仅有纯碳水化合物降解率的一半，因而在对这些物质进行利用之前，有必要对其进行适当的处理，以期达到尽可能降低木质素的含量、增加孔隙率或者增加纤维素和半纤维素与微生物、反应试剂的接触面积等目的。也即预处理的目的就是通过去除木质素或半纤维素进而提高纤维素的可及性。另外，这种预处理仅去除部分，剩余的木质素和半纤维素对酶解的影响效果不同。经过氨水、硫酸和热碱预处理的醋糟组成如表5-1所列。

表5-1 外碳源的组成性能

样品	纤维素	半纤维素	木质素	粗蛋白	粗脂肪	灰分
氨水醋糟	27	5.0	33.1	5.2	1.7	7.8
硫酸醋糟	18.4	4.7	20.9	5.7	2.1	9.1
热碱醋糟	20.2	3.2	29	4.5	2.3	29.9

由表5-1可知，热碱预处理后灰分较氨水和硫酸处理后多，说明有机组分减少的较多，也就是说，热碱的脱木质素能力较强，但是原料中部分半纤维素在此过程中也会被分解，导致有机组分被脱去比例较大。

纤维素类碳源在厌氧发酵体系中的反应性能差，即厌氧菌、降解酶等对纤维素的可及度较低，部分原因是氢键的存在[169]。图5-1给出了醋糟处理前后的红外光谱图。波数3300～3500cm^{-1}范围处代表的是碳水化合物内羟基O—H或蛋白质和酰胺化合物中—NH的伸缩振动谱带，相较原醋糟，预处理之后的醋糟在此谱带减弱，说明部分纤维素分子间氢键被破坏。氢键的破坏不仅表明纤维素的结晶结构发生了变化，同时也意味着纤维素发生润胀，因而微生物菌群可以更好地接触纤维表面，促进纤维素的降解过程。2920cm^{-1}处属于纤维素中—CH$_2$—和—CH官能团的伸缩振动谱带，谱带减弱，表明纤维素大分子中发生了甲基和亚甲基的部分断裂现象。2850～2852cm^{-1}处为芳香族化合物的—CH$_3$的C—H振动。波数1635cm^{-1}处的吸收峰是表征吸附水H—O—H弯曲振动，经不同预处理后的醋糟纤维素中1635cm^{-1}处谱带都明显减弱，这说明经过氨水、硫酸和热碱预处理后醋糟中纤维素都表现出明显的润胀现象，其中热碱处理后谱带减弱最明显，因而对水的可及度明显增加。而事实是纤维素的这种润胀现象对于提高醋糟的可消化性大有裨益。1502～1600cm^{-1}是木质素特征峰之一[170]，即芳香族骨架振动，除了氨水和硫酸处理的醋糟该谱带减弱之外，热碱处理的醋糟该谱带已经消失，可见热碱处理对木质素去除效果较明显。波数1164cm^{-1}代表的是纤维素和半纤维素中C—O—C不对称伸缩振动谱带。1023cm^{-1}波数处代表纤维素中的C—O伸缩振动和木质素中C—O变形振动谱带[171]。由图5-1可知，经不同预处理方法处理之后的醋糟该谱带减弱，可能意味着木质素去除程度不同，且纤维结构也发生了相应的变化。

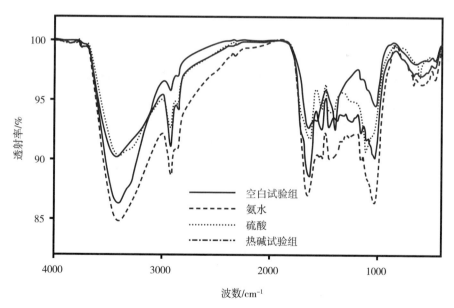

图5-1　各种预处理醋糟的红外光谱

综上所述，醋糟预处理使得醋糟纤维结构发生不同程度的变化，氢键破坏、纤维素润胀等，增加了醋糟的生物可及性。

5.2.2 不同预处理醋糟对污泥发酵水解过程的影响

5.2.2.1 SCOD在污泥厌氧发酵过程中跟随时间的变化

在各试验组污泥厌氧发酵的初期，各体系中的SCOD浓度随着发酵时间的持续进行而逐渐增大。SCOD的变化情况可以间接地反映发酵的水解过程。SCOD浓度逐渐增大表明剩余污泥中越来越多的颗粒有机物质已经转化为可溶解性物质。随着发酵时间的继续增加，SCOD达到最大值以后逐渐减小。浓度降低的主要原因是水解生成的溶解性有机物被产酸微生物进一步代谢利用。水解过程其实就是复杂的非溶解性的聚合物向简单的溶解性单体或二聚体转化的过程。水解阶段所产生的可溶解性有机物质可以作为产酸阶段的物质基础。污泥厌氧发酵过程中，剩余活性污泥微生物细胞内的蛋白质、多糖、脂类等高分子物质大量溶出，成为溶解性物质，从而提高了上清液中SCOD的浓度；随着发酵时间的延长，SCOD同时也被微生物消耗。SCOD值的大小可以间接用来评价污泥水解效果；SCOD值越大，说明外加碳源调质越好，更加有利于水解之后生物过程的进行。

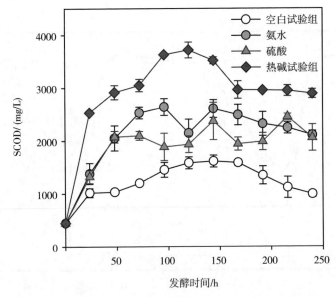

图5-2 醋糟预处理方法对发酵体系中SCOD浓度变化的影响

如图5-2所示，各试验组SCOD在发酵初期逐渐升高，说明污泥在经历一个水解阶段，生成量大于消耗量；发酵后期逐渐降低，这是由于污泥发酵经历酸化、产乙酸、产甲烷等过程，SCOD溶出量小于消耗量。空白试验组SCOD在发酵第6d达到最大值，采用氨水、硫酸、热碱处理后的醋糟试验组SCOD基本在第4d达到最大值，各试验组按SCOD大小排序为：热碱＞氨水＞硫酸＞空白。

5.2.2.2 溶解性碳水化合物和蛋白质在污泥厌氧发酵过程中跟随时间的变化

由于碳水化合物和蛋白质是剩余污泥和酿造废弃物的主要组成部分，但是能够被微生物利用的仅是可溶性物质，因而溶解性碳水化合物和蛋白质物质的变化可以间接反映剩余污泥、酿造废弃物混合系统中有机物的变化趋势。由于脂类含量很少，因而在此可以不考虑脂类的影响。多糖、蛋白质经过水解可以通过丙酮酸、乳酸生成挥发性脂肪酸。除此之外也可以通过氨基酸之间的斯蒂克兰反应或者单个氨基酸的脱氨基作用生成。

图5-3是溶解性碳水化合物在10d发酵期间随时间变化的趋势。图中显示碳水化合物浓度从发酵开始浓度增加，第1d浓度基本达到最大值，后有降低的趋势，发酵后期在一个较小的浓度范围之内波动。第1d时，4个试验组可溶性碳水化合物浓度（以COD计）按从大到小排列为热碱（270.5mg/L ± 5.5mg/L）＞硫酸（196.4mg/L ± 2.2mg/L）＞氨水（169.2mg/L ± 3.3mg/L）＞空白（113.3mg/L ± 1.1mg/L）。相较空白试验组增加的溶解性碳水化合物主要来源于预处理的醋糟，经预处理的醋糟部分结构被破坏，并在发酵体系中微生物的作用下释放出来成为可溶性糖类。

图5-4是溶解性蛋白质发酵期间随时间变化的趋势。蛋白质浓度变化趋势与

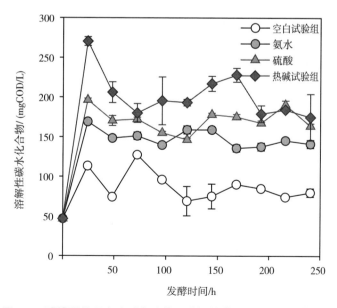

图5-3 醋糟预处理方法对发酵体系溶解性碳水化合物浓度的影响

糖类有所区别，氨水和硫酸试验组浓度在第2d达到最大值（726.2mg/L±71.5mgL和857.4mg/L±90.4mg/L），降低后浓度不再发生突变，维持在一个稳定的浓度水平，在发酵后期有缓慢降低的趋势；热碱试验组蛋白质浓度在第1d就达到了最大值（1113.1mg/L±107.3mg/L），浓度降低后也维持在相对稳定的浓度水平上，浓度值大于氨水和硫酸试验组。发酵后期蛋白质浓度基本不发生突变是由于蛋白质从活性污泥中的溶出速度与蛋白质降解消耗的速度基本相等。空白组的溶解性蛋白质浓度从反应开始到发酵第10d，浓度呈现增加趋势，但是增加幅度很小，说明系统中溶解性蛋白质释放速率小于消耗速率，正是由于剩余污泥中碳源不足，不能很好地利用剩余污泥中的蛋白质。醋糟试验组增加的蛋白质浓度不是来自于醋糟，而是来自于活性污泥，这是由于醋糟中蛋白质含量较低。由此可见，系统中蛋白质利用效果最好的是热碱组，氨水和硫酸试验组利用效果相对较低。但是无论采用哪种酿造废弃物，都是通过加入碳源物质调节碳氮比使得污泥中的蛋白质得到了有效利用，这在其他研究中也得到了映证[172]。

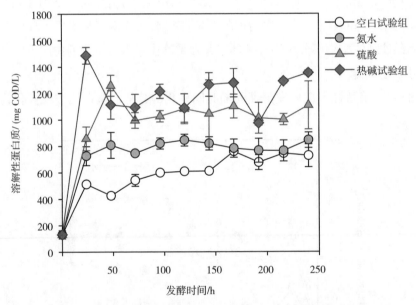

图5-4　醋糟预处理方法对发酵体系溶解性蛋白质浓度的影响

5.2.2.3　水解酶酶活

厌氧发酵水解阶段，在蛋白质和碳水化合物水解过程中起主要作用的两种胞外酶分别是蛋白酶和α-葡萄糖苷酶。本研究取发酵两天时的污泥进行酶活活性检测。

由图5-5可知，添加预处理醋糟试验组的蛋白酶和α-葡萄糖苷酶酶活均有所提高，说明添加预处理醋糟促进了蛋白质和碳水化合物的水解。氨水、硫酸和热碱试验组蛋白酶活性分别为30.5Eu、33.7Eu和38.3Eu，分别是空白试验组（25.9Eu）的1.2倍、1.3倍和1.5倍；三组试验的α–葡萄糖苷酶活性分别为239.4Eu、250.8Eu和270.5Eu，空白试验组为228.5Eu。各试验组按活性大小排列为：热碱＞硫酸＞氨水＞空白组，得到的酶活活性结果与4.2.2部分中溶解性蛋白和糖类浓度相吻合，得出预处理醋糟作为外加碳源可以更好地促进蛋白质的水解利用，其中热碱预处理方法效果最优。

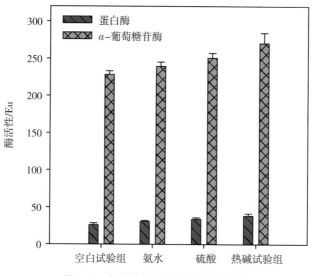

图5-5　发酵体系中胞外水解酶活性

5.2.3　不同预处理醋糟对污泥发酵产酸过程的影响

5.2.3.1　挥发性脂肪酸在发酵过程中随时间的变化

在酸化阶段，由多糖、蛋白质水解而来的葡萄糖、多种氨基酸会通过丙酮酸、乳酸迅速转化为挥发性脂肪酸。本试验分别采用用氨水、硫酸和热碱预处理的醋糟作为外加碳源与剩余污泥进行共发酵，图5-6展示了挥发性脂肪酸浓度随时间变化的趋势。

由图5-6可知，挥发性脂肪酸总浓度的变化趋势与SCOD浓度基本一致，氨水、硫酸和热碱试验组挥发酸浓度在第4d达到最大值后浓度又逐渐降低。与污泥单独发酵相比，外加碳源试验组中挥发性脂肪酸的浓度得到了大大提升，且采用不同预处理方法对挥发性脂肪酸产量有很大影响。对于醋糟试验组挥发性脂肪酸浓度均在第4d以后基本不再增加，随后由于被产甲烷菌消耗产甲烷又逐渐降低，因而可以认为在第4d的时候达到了浓度最大值。采用氨水、硫酸、热碱预处理醋糟试验组的最大浓度分别为（1885±159）mgCOD/L、（1561±168）mgCOD/L和（3105±35）mgCOD/L，这相比污泥单独发酵增加了很多［（1083±40）mgCOD/L］，分别是污泥单独发酵空白组［（1083±40）mgCOD/L］的1.7倍、1.4倍和2.9倍。按产酸效果将不同预处理方法排序为热碱＞氨水＞硫酸＞空白。

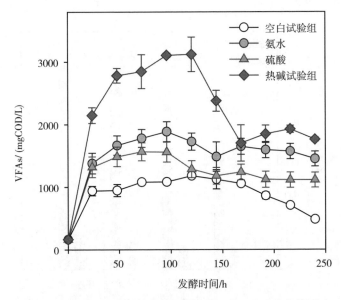

图5-6 醋糟预处理方法对共发酵体系中VFAs浓度变化的影响

挥发酸产量的对比都表明，外加碳源大大促进了挥发性脂肪酸的生成，即剩余污泥与酿造废弃物混合发酵时会发生协同作用；酿造废弃物采用不同预处理方法后对污泥发酵产酸产生的效果也有不同。就醋糟而言，采用热碱预处理效果较好，用这种方法预处理过的醋糟作为污泥厌氧发酵的外加碳源后的产酸效果最好。显然，以不同预处理方法处理的醋糟作为外加碳源时得到的产酸效果不一样，这可能是由于：（1）不同预处理方法对酿造废弃物三种主成分的去除效果不同；（2）醋糟经不同预处理后内部结构存在差异；（3）外加碳源组成及结构的不同导致厌氧发酵菌群结构发生变化，进而影响产酸效果。具体原因将在后面的内容其他部分重点分析。

5.2.3.2 小分子挥发酸在发酵过程中随时间的变化

研究显示，乙酸和丙酸可以作为很多生物过程的最佳底物，即乙酸和丙酸具有很大的利用价值，有必要对不同酿造废弃物与剩余污泥共发酵过程乙酸和丙酸的变化趋势及相互关系进行研究，探究不同酿造废弃物、不同酿造废弃物预处理方法对共发酵过程的影响。图5-7给出了发酵期间醋糟与剩余污泥共发酵过程乙酸、丙酸的浓度变化过程。

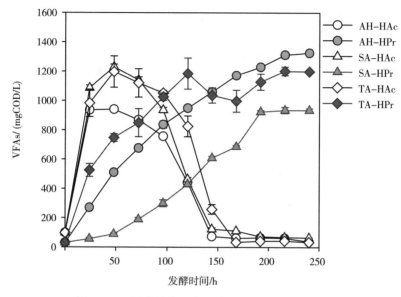

图5-7　不同发酵体系中乙酸和丙酸浓度变化情况

由图5-7可以看出，醋糟无论采用何种预处理方法处理后与剩余污泥进行共发酵，乙酸浓度基本在第2d达到最大值，此时氨水（AH）、硫酸（SA）和热碱组（TA）乙酸浓度分别是（936±18）mgCOD/L、（1086±18）mgCOD/L、（983±93）mgCOD/L；随着发酵时间的延长，乙酸不断被产甲烷菌消耗，浓度逐渐降低，第4～6d浓度大幅度降低，第6d之后在很小的浓度值附近浮动，浓度不再发生大的改变。发酵前6d，氨水试验组乙酸浓度明显低于硫酸和热碱试验组，硫酸和热碱试验组浓度值相差不多。丙酸浓度从发酵初期则呈现快速增加的趋势，氨水、硫酸试验组丙酸浓度在发酵后期趋于平稳；而热碱试验组在发酵第5d后浓度变化趋势有所变化，浓度先降低后又升高，此时误差线较大，可以简单认为发酵5d之后，丙酸浓度在一定的范围内发生浮动，不呈增加的趋势。发酵前期，试验组按丙酸浓度大小排序为：热碱＞氨水＞硫酸，硫酸试验组丙酸浓度远小于氨水和热碱试验组；发酵后期氨水试验组丙酸浓度一直增加，大于热碱试验组。丙酸浓度的增加进一步表明了添加醋糟可以促进蛋白质降解过程。

从乙酸和丙酸浓度之和角度来分析，如图5-8显示，空白组乙酸丙酸浓度之和在第2d达到最大值后一直呈现缓慢降低的趋势；而氨水、硫酸和热碱组在发酵前2d浓度之和在发酵前4d呈增加趋势，随后2d浓度迅速降低，之后保持浓度基本不变。发酵前期按浓度大小排序为：热碱＞氨水＞硫酸＞空白。发酵结束时，各组乙酸浓度基本为零，各组乙酸丙酸浓度之和其实是丙酸也是丙酸浓度的体现。空白、氨水、硫酸和热碱组乙酸和丙酸浓度之和分别为：326mgCOD/L、1364mgCOD/L、999mgCOD/L和1233mgCOD/L。

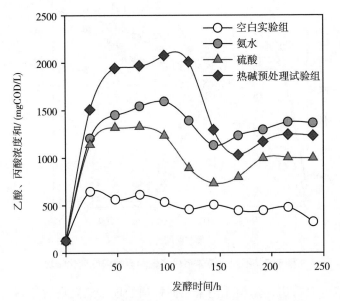

图5-8　不同发酵体系中乙酸、丙酸浓度之和变化情况

5.2.3.3　挥发酸浓度达到最大时组分分析

当挥发酸用作为碳源利用时，其中乙酸、丙酸、异丁酸、正丁酸、异戊酸和正戊酸的比例至关重要，不同比例的挥发酸直接影响其利用效果[173]。此试验中各试验组挥发酸浓度均在第4d或第5d达到了最大值，但采用不同酿造废弃物时六种组分的比例各不相同。

各试验组在挥发酸浓度达到最大值时，单个挥发酸占总挥发酸的比例情况如图5-9所示。由图可以看出，空白组中乙酸、丙酸和异戊酸三种挥发酸的比例最大，分别为18.0%、31.4%和26.6%，这与之前的一些研究中得到的结果一致，例如周爱娟等用菌糠作为碳源物质与污泥共发酵[174]。乙酸和丙酸的比例远远大于其他四种挥发酸，这可能是由于乙酸、丙酸和正丁酸的形成直接来源于多糖和蛋白质的发酵，而大分子质量挥发酸如正戊酸，与蛋白质的发酵大大相关[175]；在厌氧发酵系统中，正丁酸、丙酸和正戊酸容易发生生物降解从而生成乙酸[98,175]。如图5-9所示，醋糟分别采用三种预处理方法后比例最大的三种酸依然是乙酸、丙酸和异戊酸，但比例变化各不相同。氨水、硫酸、热碱试验组乙酸分别增加到了40.1%、60.0%和33.9%，比空白试验组的18.0%大幅增加。丙酸含量分别为44.4%、19.2%和33.0%，即氨水和热碱试验组丙酸比例大大增加，而硫酸试验组则明显降低，但硫酸试验组乙酸比例是明显高于氨水和热碱试验组的。由于乙酸、丙酸均可作为有价值的碳源，把乙酸和丙酸用于生物脱氮除磷过程可以大大提高脱氮除磷效率。

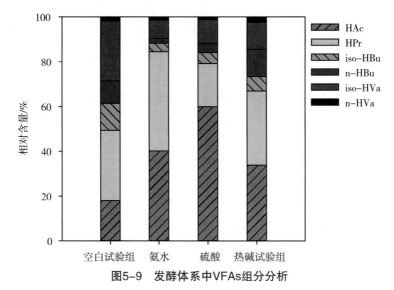

图5-9 发酵体系中VFAs组分分析

图5-10则显示了四组试验在挥发酸总量达到最大值时氨水、硫酸和热碱醋糟试验组中甲酸与乙酸浓度之和与挥发酸总量间的对比关系。

从乙酸与丙酸比例之和来分析，氨水、硫酸、热碱试验组乙酸、丙酸比例之和分别为84.5%、79.1%和66.9%，分别是空白试验组（49.4%）的1.7倍、1.6倍、1.3倍。相应的乙酸、丙酸浓度之和分别为1594mgCOD/L、1236mgCOD/L、2077mgCOD/L，分别比空白组（535mgCOD/L）增加了2.0倍、1.3倍、2.9倍。还可以得出，热碱处理醋糟组乙酸和丙酸浓度之和虽然远大于氨水和硫酸组，但是在总挥发酸中占的比例却明显小于这两组。4.3.1部分中提到，相应试验组挥发酸总量分别是空白试验组的1.7倍、1.4倍和2.9倍，即分别比空白组（535mgCOD/L）增加了0.7倍、0.4倍、1.9倍，增加倍数明显小于各试验组乙酸、丙酸浓度之和增加倍数，表明醋糟预处理试验组挥发酸提高主要体现在乙酸和丙酸这两种小分子碳源上，这对于充分利用发酵液作为污水处理脱氮除磷有很大益处。而异戊酸虽然所占比

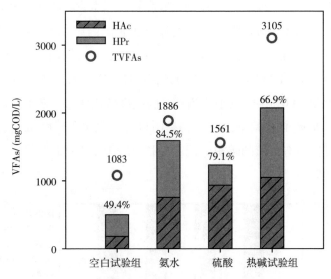

图5-10 发酵体系中C2～C3挥发酸与TVFAs关系

重较大，但与空白组相比均呈大幅度减少现象，氨水、硫酸、热碱试验组分别从空白试验组的26.6%降到了8.2%、10.6%和12.0%，这是由于在产氢产乙酸过程中，戊酸可以被产乙酸菌通过贝塔氧化途径转化为乙酸[176]。正丁酸比例在氨水及硫酸试验组也呈现降低趋势，而热碱试验组有微量的提高。异丁酸在醋糟预处理试验组中均大大降低。也就是说，外加碳源的加入可以促进β氧化过程，生成低分子质量的挥发性脂肪酸，相同的现象在之前的研究中也被观察到[177,178]。正戊酸本身在各试验组比重较低，采用不同预处理方法后比重稍有浮动，可认为不发生变化。

结果表明，外加酿造废弃物对于污泥发酵过程产生的挥发酸组分有很大的影响，并且可以促进大分子质量的挥发酸向小分子质量挥发酸的转化。转化过程可能为：

$$\text{HVa} + 2\text{H}_2\text{O} \longrightarrow \text{HPr} + \text{HAc} + 2\text{H}_2 \tag{5-1}$$

$$\text{HBu} + 2\text{H}_2\text{O} \longrightarrow 2\text{HAc} + 2\text{H}_2 \tag{5-2}$$

转化得到的小分子质量挥发酸可以充分有效地利用到后续生物反应过程中，或者用于其他生物过程（如生物脱氮除磷、合成生物高聚物等）。许多科学研究者也利用各种外加碳源提高污泥中的碳氮比来产乙酸。

5.2.4 污泥发酵过程甲烷累积产量的变化

前面的论述显示，添加醋糟可以促进共发酵体系的有机物的水解和酸化过程。酸化阶段产生的挥发性脂肪酸（乙酸为主）是后续产甲烷阶段的主要底物。由于产甲烷菌对pH值要求较高，只有在适宜的pH值范围内（6.8～7.2）产甲烷菌才能有效地进行产甲烷。

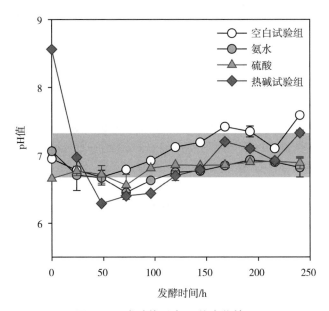

图5-11　发酵体系中pH值变化情况

　　如图5-11所示，空白组的pH值在发酵期间基本处于产甲烷的最适范围。氨水、硫酸和热碱组由于添加三种预处理的酒糟，初始pH值分别为7.1、6.7和8.6，但是随着挥发酸产量的增加，发酵体系的pH值有降低的趋势，随后pH值又逐渐升高，逐渐趋于中性。这是由于挥发酸逐渐被产甲烷菌代谢生成甲烷，或者包括二氧化碳、氨氮和碳酸盐在内的碱度的生成。热碱组挥发酸产量最大，但是体系的pH值没有降到很低，这是因为其初始pH值过高，产生的挥发酸开始需要先中和体系中的碱。

　　如图5-12发酵前4d，甲烷累积产量增长很慢，一方面是由于发酵正经历水解和酸化阶段，挥发酸浓度不高，另一方面是因为发酵体系的pH值较低，不在产甲烷菌的最适pH范围之内。两方面因素的综合作用限制了产甲烷过程。发酵第4d，挥发酸浓度基本达到了最大值，在此之后，发酵体系pH值也逐渐趋于产甲烷菌最适pH值范围内，产甲烷菌活性增强，甲烷累积产量增长速度逐渐加快。

　　发酵第3d后，氨水和硫酸组甲烷累积产量高于空白组和热碱组，发酵第10d氨水和硫酸组甲烷累积产量分别为24.4mL/gVSS、26.2mL/gVSS，与空白组（24.4mL/gVSS）没有大的差异。发酵前7d，热碱组与空白组甲烷累积产量基本相同，在此之后，热碱组甲烷累积产量大幅度增加，在发酵第10d，达到了35.3mL/gVSS，远大于氨水和硫酸组。

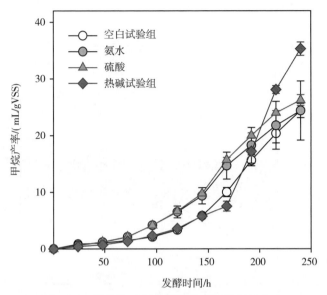

图5-12　发酵体系中pH值变化情况及甲烷产率

5.2.5　污泥发酵过程中无机盐的释放

发酵过程中随着有机物的不断转化，氨氮的浓度也会不断增加。发酵液液相中的NH_4^+-N主要来源于污泥厌氧发酵过程中蛋白质的降解。在蛋白酶的作用下，蛋白质水解得到氨基酸，氨氮则在β氧化过程中由脱氨基作用释放出来；其他含氮有机物的降解也产生氨氮。主要的反应式有：

$$RCHNH_2COOH + 2H_2O \longrightarrow RCOOH + NH_3 + CO_2 + 2H_2 \qquad （5-3）$$

$$NH_3 + H_2O + CO_2 \longrightarrow NH_4^+ + HCO_3^- \qquad （5-4）$$

氨氮与蛋白质向挥发酸的转化息息相关，自然也可以通过对NH_4^+-N浓度的测定来间接了解蛋白质降解的有关信息。

由图5-13看出，氨氮在发酵过程中随着发酵的持续进行，浓度是稳步上升的，说明蛋白质一直在降解，同时也证实了5.2.2.2中所述的发酵后期可溶性蛋白质浓度没有大的浮动是由于蛋白质的溶出与消耗基本保持同样的速度。氨水、硫酸和热碱试验组的氨氮浓度明显大于空白试验组，在发酵第10d时，空白、氨水、硫酸和热碱组氨氮浓度分别为（211.3±2.7）mg/L、（297.3±2.7）mg/L、（398.5±5.2）mg/L和（443.0±29.6）mg/L，显然各试验组按氨氮浓度排列为：热碱＞硫酸＞氨水＞空白，说明外加碳源醋糟的添加有助于污泥中蛋白质的降解，且醋糟热碱预处理方法效果优于硫酸和氨水。

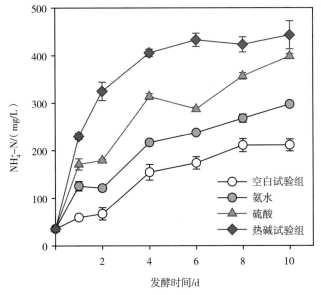

图5-13　醋糟预处理方法对共发酵体系氨氮浓度的影响

微生物分解脂类物质，聚合磷酸盐变成溶解性磷酸盐的形式。由图5-14可知，一定量的磷酸盐在发酵过程被释放出来，添加醋糟之后释放量明显增加。在发酵前4d，磷酸盐浓度呈现增加的趋势，在此之后，空白组浓度稍有降低并逐渐稳定

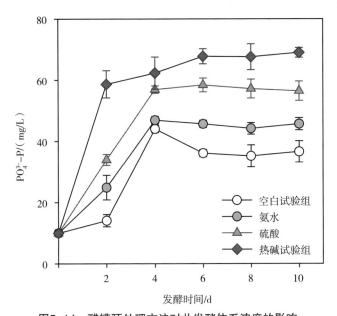

图5-14　醋糟预处理方法对共发酵体系浓度的影响

于一个浓度值；氨水和硫酸组浓度也基本不再发生变化；只有热碱组磷酸盐浓度处于缓慢上升的状态。在发酵第10d，空白、氨水、硫酸和热碱组磷酸盐浓度分别为（36.6±3.5）mg/L、（45.7±2.0）mg/L、（56.5±3.2）mg/L和（69.0±1.6）mg/L；各组大小趋势与氨氮一致。然而，在所有试验组中磷酸盐浓度远远小于氨氮浓度；同样的结论也在初沉污泥和剩余活性污泥发酵中得到[179,180]。有人提出，富含挥发性脂肪酸的发酵液被用作碳源时，发酵液中释放出来的磷酸和氨氮需要除去，否则会使得废水处理单元中磷酸盐和氨氮的负荷增加[181,182]。采用鸟粪石沉淀法去除氨氮和磷，将之后生成的鸟粪石可以作为农业生产过程的肥料，尽量避免浪费这一环节生成的物质，实现能源利用最大化。鸟粪石沉淀法的实施过程和最佳条件可以参照张超等的研究[181]。

5.3 酿造废弃物调质对剩余污泥发酵产酸及蛋白质降解的影响

5.2部分以醋糟为代表，研究了氨水、硫酸和热碱预处理后的酿造废弃物作为污泥发酵产酸外加碳源对发酵产酸的促进效果，得出热碱是比较好的预处理方法。本部分也以热碱处理三种典型的酿造废弃物（醋糟、酒糟和酱糟），以处理后的酿造废弃物作为代表性外加碳源，探究这三种酿造废弃物对剩余污泥厌氧发酵体系产酸效果及蛋白质降解的促进情况；着重对厌氧发酵过程中水解、酸化、产甲烷和无机盐释放等方面进行考察。

5.3.1 酿造废弃物组分

热碱预处理后醋糟、酒糟和酱糟的组成如表5-2所列。红外光谱图5-15显示，三种酿造废弃物各吸收峰的强度有一些差别。3300～3500cm^{-1}范围处代表的是碳水化合物内羟基O—H或蛋白质和酰胺化合物中—NH的伸缩振动谱带。波数1635cm^{-1}处的吸附水H—O—H弯曲振动吸收峰的差异，说明三种酿造废弃物中纤维素表现出明显润胀现象差异性。1502～1600cm^{-1}处木质素特征峰的差异，体现出三种酿造废弃物在木质素上的差异。1023cm^{-1}波数处代表纤维素中的C—O伸缩振动和木质素中C—O变形振动谱带，在三种酿造废弃物中差异最为明显。由此可知，三种酿造废弃物存在氢键破坏、纤维素润胀等方面的差异性，因而其生物可及性也可能存在差异。

表5-2　外碳源的组成性能

样品	纤维素	半纤维素	木质素	粗蛋白	粗脂肪	灰分
醋糟	20.2	3.2	29	4.5	2.3	30.0
酒糟	30.6	5.9	12.8	3.9	1.4	22.0
酱糟	3.1	3.7	0.3	6.2	3.6	79.0

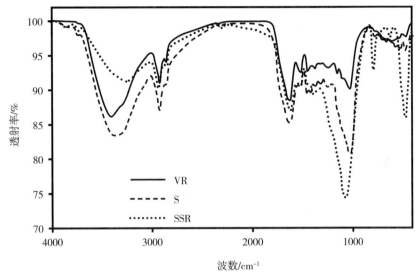

图5-15　酿造废弃物的红外光谱

5.3.2　不同酿造废弃物对污泥发酵水解过程的影响

5.3.2.1　SCOD在污泥厌氧发酵过程中跟随时间的变化

如图5-16所示，添加热碱预处理的醋糟、酒糟和酱糟的试验组中SCOD在96h时达到了最大值，分别为（3627±22）mg/L、（3572±11）mg/L、（5360±15）mg/L，随后也呈降低趋势。醋糟和酒糟试验组的SCOD随时间变化趋势以及大小基本一致，而酱糟试验组SCOD明显大于醋糟、酒糟试验组，说明水解效果比醋糟和酒糟好，各试验组按SCOD大小排序为：酱糟＞醋糟/酒糟＞空白。

5.3.2.2　溶解性糖类和蛋白质在污泥厌氧发酵过程中跟随时间的变化

溶解性糖类和蛋白质两种物质在发酵期间浓度变化趋势如图5-17所示。由图可知，溶解性碳水化合物从发酵开始浓度有大幅度的增加，第1d达到最大值，醋糟、酒糟和酱糟组分别为（270.5±1.1）mgCOD/L、（216.6±31.5）mgCOD/L、（409.0±12.3）mgCOD/L。随后从第1d的最大浓度迅速降低后降低速度变慢。添

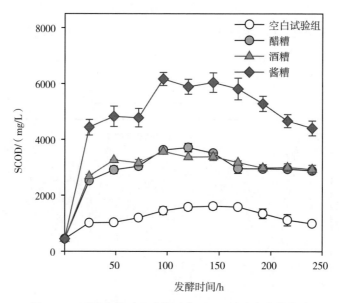

图5-16　不同底物对发酵体系中SCOD浓度变化的影响

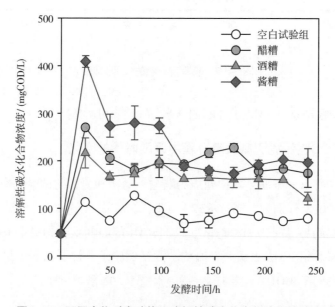

图5-17　不同底物对发酵体系溶解性碳水化合物浓度的影响

加醋糟、酒糟和酱糟的试验组碳水化合物浓度比空白组明显增多；醋糟和酒糟试验组相差无几，酱糟试验组在发酵前期远大于醋糟和酒糟试验组。

　　蛋白质浓度变化情况与糖类基本一致（图5-18所示）。发酵第1d，添加酿造废弃物试验组溶解性蛋白质浓度达到了最大；此时，空白、醋糟、酒糟和酱糟组蛋白质浓度分别为（512.0 ± 3.0）mgCOD/L、（1486.0 ± 62.6）mgCOD/L、（1334.0 ± 26.8）mgCOD/L、（1897.0 ± 53.6）mgCOD/L，显然酱糟组浓度最大，达到了空白组的3.7倍。从发酵1～4d的蛋白质浓度变化量角度来分析，空白组蛋白质浓度在第4d时比试验开始时增加了86.6mgCOD/L，而醋糟、酒糟、酱糟试验组中蛋白质浓度分别降低了271.9mg/L、290.7mg/L、391.9mgCOD/L，酱糟组溶解性蛋白质浓度降低最大。由此可见，系统中蛋白质利用效果最好的是酱糟组，醋糟和酒糟试验组利用效果相对较低。

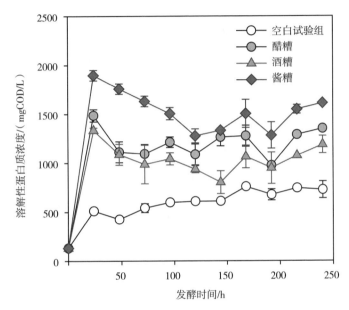

图5-18　不同底物对发酵体系溶解性蛋白质浓度的影响

5.3.2.3　溶解性有机物的荧光物质分析

图5-19展示了空白、醋糟、酒糟和酱糟组污泥发酵系统中溶解性有机物（DOM）的三维荧光光谱图。本次运用平行因子分析法（PARAFAC）解析得到的3D荧光图谱数据。单从三维荧光光谱图看，添加酿造废弃物后体系中荧光物质的含量有所增加。

Matlab软件编程解析样品中各个组分相互重叠的荧光光谱，得到了四个组分，分别是：色氨酸类蛋白质（Ex/Em 270/350，Com.1）、酪氨酸类蛋白质（Ex/Em 270/300，Com.2）、其他蛋白类物质（Ex/Em 225/300，Com.3）和富里酸类物质（Ex/Em 300/440，Com.4），如图5-20所示。分析结果得出，蛋白质类物质含量较多，是最重要的有机质。它们在体系中含量的多少，可以通过图中的荧光强度定性得出。

由图5-21分析各组分的荧光光谱强度，其中空白组中荧光强度最小，而醋糟和酒糟组荧光强度较相近，酱糟组荧光强度最大，说明可利用的蛋白质类物质较多。例如，色氨酸类物质和酪氨酸类物质荧光强度（FI）较大，推测是类蛋白的主要成分，这两种物质在酱糟中组荧光强度分别为25.7和26.0，是空白组样品的4.2倍和2.4倍（FI为6.2和10.9）。其他蛋白类物质含量相对较少，类富里酸物质含量最少。

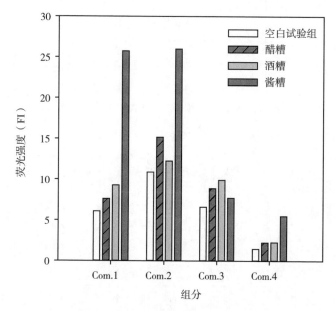

图5-21　DOM中各组分的荧光光谱强度

通过对荧光强度的定性分析可以看出，其结果与5.2.2.2中各发酵体系中蛋白质浓度数据规律相吻合，再次说明了添加酿造废弃物促进了污泥中蛋白质的溶解，释放到发酵液中，其中酱糟的促进效果最明显。

5.3.2.4　水解酶酶活

图5-22给出了四组试验蛋白酶和α-葡萄糖苷酶活性测定结果，添加三种酿造废弃物后两种酶酶活都有提高，说明添加酿造废弃物促进了蛋白质和碳水化合物的水解。醋糟、酒糟和酱糟试验组蛋白酶活性分别为38.3Eu、54.8Eu和93.0Eu，分别是空白试验组（25.9Eu）的1.5倍、2.1倍和3.6倍，酱糟组增加幅度较大，进一步说明了外加酿造废弃物可以有效增加蛋白酶的活性，对活性污泥蛋白质水解利用有较大的促进作用，尤以酱糟最为明显；三组试验的α-葡萄糖苷酶活性比空白试验组大，但是三组之间并没有太大的差别。

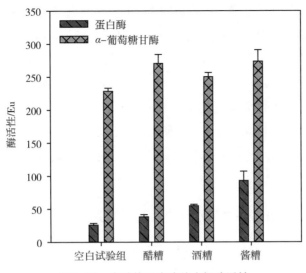

图5-22 发酵体系中胞外水解酶活性

5.3.3 不同酿造废弃物对污泥发酵产酸过程的影响

5.3.3.1 挥发性脂肪酸在发酵过程中随时间的变化

挥发性脂肪酸浓度随时间变化的趋势如图。由图5-23可以看出，醋糟和酒糟试验组挥发性脂肪酸浓度均在第4d达到最大值，而酱糟试验组与醋糟、酒糟试验组不同，挥发酸浓度最大值为第5d，随后浓度又呈逐渐降低趋势。

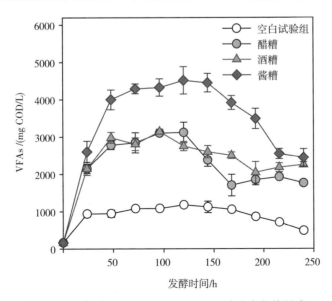

图5-23 不同底物对发酵体系中VFAs浓度变化的影响

采用热碱预处理的醋糟、酒糟和酱糟分别作为外加碳源的试验组挥发性脂肪酸最大浓度分别为（3105±35）mgCOD/L、（3144±69）mgCOD/L和（4517±367）mgCOD/L，分别是污泥单独发酵空白组［（1083±40）mgCOD/L］的2.9倍、2.9倍和4.2倍。按产酸效果将不同酿造废弃物试验组排序为酱糟＞醋糟/酒糟，酱糟作为外加碳源用于产酸的效果远远大于醋糟和酒糟，是有价值的外加碳源。例如，可以将发酵产生的大量混合挥发性脂肪酸用于污水厂内部脱氮除磷工艺当中，由于混合挥发性脂肪酸用作碳源时，其反硝化速率远高于其他碳源，因而可以有效强化脱氮除磷过程。

5.3.3.2 小分子挥发酸在发酵过程中随时间的变化

图5-24展示了发酵期间乙酸和丙酸浓度随发酵时间变化的具体情况。醋糟、酒糟试验组乙酸浓度同样从发酵开始浓度先增大后减小直至浓度不再发生变化；浓度最大值是第2d，此时两组浓度分别为（983±93）mgCOD/L、（855±46）mgCOD/L。浓度降低是在发酵2~6d，第6d之后浓度基本保持不变。酱糟试验组乙酸浓度变化趋势与前两组不同，在第5d达到了最大值［（1246±93）mgCOD/L］；随后发酵的4d乙酸浓度迅速降低直至基本为零。醋糟、酒糟和酱糟试验组丙酸浓度在发酵期间一直保持增加的趋势，浓度值差异较小。

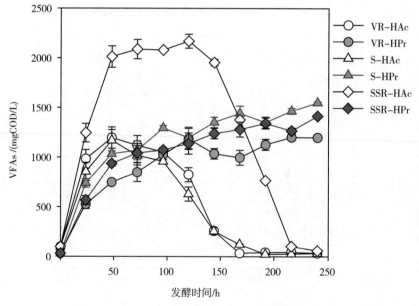

图5-24 不同发酵体系中乙酸和丙酸浓度变化情况

由此得出，采用热碱预处理的不同酿造废弃物作为污泥厌氧发酵的外加碳源，发酵产酸过程最大的区别在于乙酸浓度，丙酸浓度没有太大的区别。

图5-25显示，C2～C3小分子挥发酸与总挥发酸浓度基本呈现相同的变化趋势。醋糟和酒糟组乙酸丙酸浓度之和相差无几；而酱糟作为外加碳源得到的乙酸浓度远远大于醋糟和酒糟，这与乙酸浓度得到的结论一致，即远大于醋糟和酒糟组。要想提高发酵液乙酸浓度，应优先考虑采用酱糟作为外加碳源。

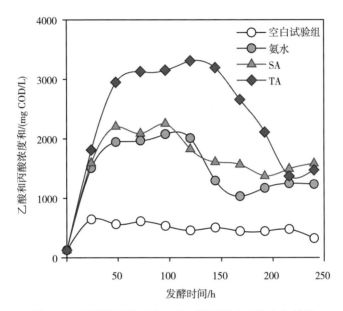

图5-25　不同发酵体系中乙酸、丙酸浓度之和变化情况

5.3.3.3　挥发酸浓度达到最大时组分分析

图5-26是醋糟、酒糟和酱糟试验组挥发酸浓度达到最大值时六种挥发酸占总挥发酸的比例。如图所示，采用热碱预处理的醋糟、酒糟和酱糟作为外加碳源后比例最大的三种酸与空白组一致，但比例变化各不相同。

醋糟、酒糟和酱糟试验组乙酸分别增加到了33.0%、30.5%和48.0%，相较空白试验组的18.0%大幅增加；丙酸含量分别为31.4%、41.2%和25.2%，即相较空白组的31.4%醋糟和酒糟试验组丙酸比例大大增加，而酱糟试验组则有明显的降低趋势。也就是说，添加酒糟后有利于丙酸比例的增加，而添加酱糟可以大大提高乙酸的比例。

图5-27是醋糟、酒糟和酱糟试验组挥发酸浓度达到最大值时醋糟、酒糟和酱糟试验组中甲酸与乙酸浓度之和与挥发酸总量间的对比关系。分析乙酸与丙酸

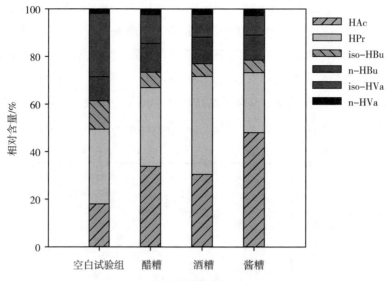

图5-26　发酵体系中VFAs组分分析

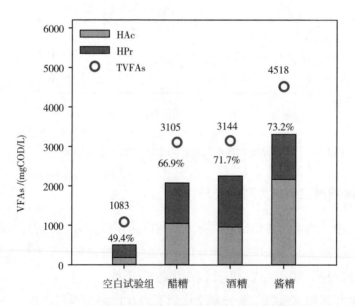

图5-27　发酵体系中C2～C3挥发酸与TVFAs关系

比例之和，醋糟、酒糟和酱糟试验组乙酸、丙酸比例之和分别为66.9%、71.7%和73.2%，分别是空白试验组（49.4%）的1.4倍、1.5倍、1.5倍，即这两个小分子碳源的比例之和没有大的差异，其中酱糟组比例之和最大，效果略优于醋糟和酒糟组。相应的乙酸、丙酸浓度之和分别为2077mgCOD/L、2253mgCOD/L、3308mgCOD/L，分别比空白组（535mgCOD/L）增加了2.9倍、3.2倍、6.2倍，而5.2.1

部分中提到相应试验组挥发酸总量分别是空白试验组的2.9倍、2.9倍和4.2倍，即分别比空白组（535mgCOD/L）增加了1.9倍、1.9倍、3.2倍，明显小于各试验组乙酸、丙酸浓度之和增加倍数，表明添加酿造废弃物作为外加碳源可以有效促进乙酸和丙酸这两种小分子碳源的浓度，提高发酵液的利用效率。

与空白组相比，醋糟、酒糟和酱糟试验组异戊酸比例分别从空白试验组的26.6%降到了12.0%、9.4%和8.1%。正丁酸比例也从空白试验组的10.0%分别降到了6.4%、5.3%和5.3%。异丁酸和正戊酸比例在四组试验中比例稍有浮动，可以近似认为不发生变化。

由此表明，添加不同酿造废弃物对于污泥厌氧发酵产酸有很大的影响，其中就体现在各挥发酸的比例上，大大降低了正丁酸和异戊酸的比例，而提高小分子碳源（乙酸和丙酸）的比例。

5.3.4 污泥发酵过程甲烷累积产量的变化

如图5-28所示，热碱处理的醋糟、酒糟和酱糟加入污泥中使得发酵体系的pH值初始值较高，均在8以上。随着发酵的进行，三个体系pH值迅速降低，后又逐渐升高至中性。

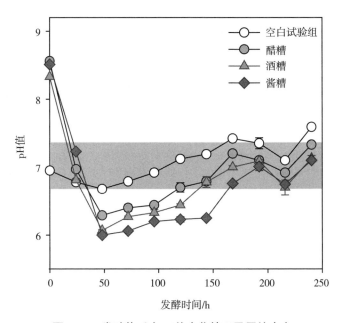

图5-28 发酵体系中pH值变化情况及甲烷产率

由图5-29可知，发酵第6d之后各组累积甲烷产量增加速度变快，最终的甲烷累积产量排序为酒糟组＞酱糟组＞醋糟组＞空白组。醋糟、酒糟和酱糟组累积甲烷产量分别为35.3mL/gVSS、39.5mL/gVSS、37.4mL/gVSS，而空白组仅有24.4mL/gVSS。由此可知，添加三种酿造废弃物后产甲烷效果相差不大，其中添加酒糟效果相对较好。

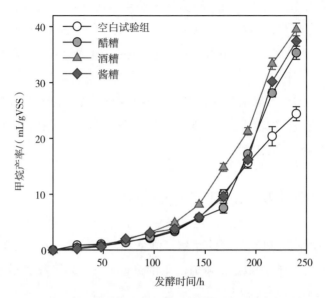

图5-29　发酵体系中pH值变化情况及甲烷产率

5.3.5　污泥发酵过程中无机盐的释放

由图5-30可知，醋糟、酒糟和酱糟同空白试验组一样，氨氮浓度稳步上升，这表明蛋白质一直在降解的事实。醋糟、酒糟和酱糟试验组的氨氮浓度远远超出空白试验组，醋糟和酒糟试验组氨氮浓度相差不大，其中酱糟组浓度高于醋糟和酒糟组，发酵结束时，醋糟、酒糟和酱糟组氨氮浓度分别为：（443.0±29.6）mg/L、（438.0±4.6）mg/L、（518.2±18.2）mg/L，均大大高于空白组〔（211.3±12.6）mg/L〕。氨氮浓度的对比说明外加碳源酿造废弃物能促进污泥中蛋白质的降解，其中酱糟促进效果最明显。

就磷酸盐浓度而言，如图5-31所示，各组磷酸盐浓度在发酵前4d均呈增加趋势，随着发酵时间的继续，磷酸盐浓度基本维持相对稳定的浓度值，不再发生大幅度的变化。各组磷酸盐浓度均大于空白组，醋糟和酒糟组浓度基本一致，酱糟组浓度稍高于前两组。发酵结束，空白、醋糟、酒糟和酱糟组磷酸盐浓度分别为：（36.6±3.5）mg/L、（71.0±1.6）mg/L、（69.7±2.0）mg/L、（78.0±1.6）mg/L。

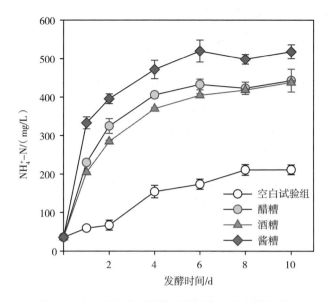

图5-30 不同底物对共发酵体系氨氮浓度的影响

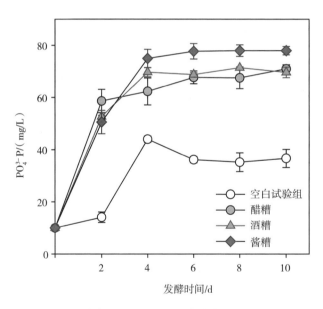

图5-31 醋糟预处理方法对共发酵体系浓度的影响

5.4 本章小结

　　本章以污水处理厂剩余污泥为研究对象，以酿造废弃物为外加碳源，通过碳氮调质弥补剩余污泥C/N比例不足，实现二者的共发酵，进而提高厌氧发酵产酸效率。首先以醋糟为调质物质，研究三种预处理方法处理后对共发酵产酸效能的影响，选出比较理想的预处理方法；其次研究三种酿造废弃物作为调质物质对发酵产酸的影响。研究采用红外光谱、三维荧光光谱、气相色谱等多种检测方法或技术手段，从多方面考究剩余污泥与酿造废弃物共发酵产酸过程的规律。

本章研究了醋糟不同预处理方法对醋糟组分、结构，以及厌氧共发酵体系的影响。着重考察这三种预处理方法对发酵过程中有机物的溶出及对后续发酵产酸过程的影响，研究得出结论如下。

（1）三种预处理方法可以有效去除醋糟中的木质素，破坏醋糟中的氢键，同时也使纤维素发生润胀作用，这些使得醋糟的生物可及性增加，有利于其在后续发酵过程中的降解。

（2）添加预处理之后的醋糟促进了剩余污泥中蛋白质的溶解，细胞外的水解酶（α-葡萄糖苷酶和蛋白酶）活性增强，即促进了污泥的水解过程，进而促进了发酵产酸效能。热碱预处理的醋糟对剩余污泥对发酵产酸的促进作用明显优于氨水和硫酸预处理。采用热碱预处理醋糟试验组的挥发性脂肪酸最大浓度为（3105±35）mgCOD/L，是空白组［（1083±40）mgCOD/L］的2.9倍；而氨水和硫酸试验组浓度明显低于热碱组，分别为（1885±159）mgCOD/L、（1561±168）mgCOD/L。

（3）小分子碳源乙酸和丙酸在发酵期间呈现此消彼长的变化特点，发酵过程乙酸和丙酸浓度之和与TVFAs呈现相同的变化趋势。挥发酸浓度最大时分析结果显示，添加预处理的醋糟后，挥发酸浓度的提高主要体现在C2～C3小分子碳源上。氨水、硫酸试验组乙酸、丙酸比例之和分别为84.5%和79.1%，远大于热碱试验组的和66.9%；但这两种小分子碳源的浓度之和达最大的是热碱组，可达2077mgCOD/L。

（4）酱糟作为外加碳源用于发酵产酸的效果远远大于醋糟和酒糟，挥发酸最大浓度可达（4517±367）mgCOD/L，比空白组增加了3.2倍。醋糟、酒糟试验组挥发酸最大浓度仅为（3105±35）mgCOD/L和（3144±69）mgCOD/L，产酸促进效果差异性不大；在挥发酸浓度最大时，添加酿造废弃物后挥发酸浓度的提高同样主要体现在C2～C3小分子碳源上。醋糟、酒糟和酱糟试验组小分子碳源比例差异不大，主要在浓度上体现出大的差异，酱糟组有相对高的小分子碳源比例。酿造废弃物试验组乙酸、丙酸浓度之和分别为2077mgCOD/L、2253mgCOD/L、3308mgCOD/L，分别比空白组增加了2.9倍、3.2倍、6.2倍，酱糟组产酸效果最好。

（5）通过对发酵期间蛋白质及氨氮以及3D荧光光谱和水解酶活性等的分析，得出酿造废弃物试验组氨氮浓度、类蛋白物质荧光强度增加，即溶解性蛋白质浓度均较大，这主要是由于添加酿造废弃物后水解酶（α–葡萄糖苷酶和蛋白酶）活性增强，促进了剩余污泥中蛋白质的溶解，其中尤以酱糟的促进效果最明显，佐证了其优越的产酸效果。

参考文献

［1］于晓东．"十一五"全国城镇污水处理及再生利用设施建设规划的总体思路．中国科技成果，2005，（23）：25-30．

［2］张韵．我国城镇污水处理厂污泥处置政策法规现状分析与思考．给水排水动态，2009，4（5）：11-11．

［3］苏靖．《国家中长期科学和技术发展规划纲要》若干配套政策解读．太原科技，2006，（4）：3-6．

［4］范柏乃，蓝志勇．国家中长期科技发展规划解析与思考．浙江大学学报（人文社会科学版），2007，37（2）：25-26．

［5］马娜，陈玲，何培松等．城市污泥资源化利用研究．生态学杂志，2004，23（1）：86-89．

［6］D. Fytili, A. Zabaniotou. Utilization of sewage sludge in EU application of old and new methods—A review. Renewable and Sustainable Energy Reviews, 2008, 12 (1): 116-140.

［7］G Lehne, A Mller, J Schwedes. Mechanical disintegration of sewage sludge. Water Science & Technology, 2000, 43 (1): 19-26.

［8］Leonard Metcalf, Harrison P Eddy, Georg Tchobanoglous. Wastewater engineering: treatment, disposal, and reuse, Singapore: McGraw-Hill, 1972

［9］Ashish Pathak, MG Dastidar, TR Sreekrishnan. Bioleaching of heavy metals from sewage sludge: a review. Journal of Environmental Management, 2009, 90 (8): 2343-2353.

［10］F. Fischer, C. Bastian, M. Happe, et al. Microbial fuel cell enables phosphate recovery from digested sewage sludge as struvite. Bioresource Technology, 2011, 102 (10): 5824-5830.

［11］Ming Xie, Long D. Nghiem, William E. Price, et al. Toward Resource Recovery from Wastewater: Extraction of Phosphorus from Digested Sludge Using a Hybrid Forward Osmosis-Membrane Distillation Process. Environmental Science & Technology Letters, 2014, 1 (2): 191-195.

［12］R. D. Cusick, M. L. Ullery, B. A. Dempsey, et al. Electrochemical struvite precipitation from digestate with a fluidized bed cathode microbial electrolysis cell. Water Research, 2014, 54: 297-306.

［13］W Rulkens, J Bien. Recovery of energy from sludge—comparison of the various options. Water Science & Technology, 2004, 50 (9): 213-221.

［14］Dong Zhang, Yinguang Chen, Yuxiao Zhao, et al. A new process for efficiently producing methane from waste activated sludge: Alkaline pretreatment of sludge followed by treatment of fermentation liquid in an EGSB reactor. Environmental Science & Technology, 2011, 45 (2): 803-808.

［15］Dong Zhang, Yinguang Chen, Yuxiao Zhao, et al. New sludge pretreatment method to improve methane production in waste activated sludge digestion. Environmental Science & Technology, 2010, 44 (12): 4802-4808.

［16］Ivo Achu Nges, Jing Liu. Effects of solid retention time on anaerobic digestion of dewatered-sewage sludge in mesophilic and thermophilic conditions. Renewable Energy, 2010, 35 (10): 2200-2206.

［17］Xuesong Guo, Junxin Liu, Benyi Xiao. Bioelectrochemical enhancement of hydrogen and methane production from the anaerobic digestion of sewage sludge in single-chamber membrane-free microbial electrolysis cells. International Journal of Hydrogen Energy, 2013, 38 (3): 1342-1347.

［18］Leiyu Feng, Hua Wang, Yinguang Chen, et al. Effect of solids retention time and temperature on waste activated sludge hydrolysis and short-chain fatty acids accumulation under alkaline conditions in continuous-flow reactors. Bioresource Technology, 2009, 100 (1): 44-49.

[19] Bartlomiej Maciej Puchajda. Increased energy recovery and enhanced pathogen inactivation through anaerobic digestion of thickened wastewater sludge. The University of Manitoba, 2006.

[20] Jingquan Lu. Optimization of anaerobic digestion of sewage sludge using thermophilic anaerobic pre-treatment. Technical University of Denmark, 2006.

[21] Moonil Kim. Comparative process stability and efficiency of mesophilic and thermophilic anaerobic digestion. Vanderbilt University, 2001.

[22] S. T. Harrison. Bacterial cell disruption: a key unit operation in the recovery of intracellular products. Biotechnology Advances, 1991, 9 (2): 217-240.

[23] H. Carrere, C. Dumas, A. Battimelli, et al. Pretreatment methods to improve sludge anaerobic degradability: a review. Journal of Hazardous Materials, 2010, 183 (1-3): 1-15.

[24] Lise Appels, Jan Baeyens, Jan Degrève, et al. Principles and potential of the anaerobic digestion of waste-activated sludge. Progress in Energy and Combustion Science, 2008, 34 (6): 755-781.

[25] PAM Claassen, JB Van Lier, AM Lopez Contreras, et al. Utilisation of biomass for the supply of energy carriers. Applied Microbiology and Biotechnology, 1999, 52 (6): 741-755.

[26] Y Zhao, Y Chen, D Zhang, et al. Waste activated sludge fermentation for hydrogen production enhanced by anaerobic process improvement and acetobacteria inhibition: the role of fermentation pH. Environmental Science & Technology. 2010, 44 (9): 3317-3323.

[27] Mulin Cai, Junxin Liu, Yuansong Wei. Enhanced biohydrogen production from sewage sludge with alkaline pretreatment. Environmental Science & Technology, 2004, 38 (11): 3195-3202.

[28] Lu Lu, Defeng Xing, Bingfeng Liu, et al. Enhanced hydrogen production from waste activated sludge by cascade utilization of organic matter in microbial electrolysis cells. Water Research, 2011, 46 (4): 1015-1026.

[29] Wenzong Liu, Shihching Huang, Aijuan Zhou, et al. Hydrogen generation in microbial electrolysis cell feeding with fermentation liquid of waste activated sludge. International Journal of Hydrogen Energy, 2012, 37 (18): 13859-13864.

[30] Hong Liu, Ramanathan Ramnarayanan, Bruce E Logan. Production of electricity during wastewater treatment using a single chamber microbial fuel cell. Environmental Science & Technology, 2004, 38 (7): 2281-2285.

[31] SK Dentel, B Strogen, P Chiu. Direct generation of electricity from sludges and other liquid wastes. Water Science & Technology, 2004, 50 (9): 161-168.

[32] P Stolarek, S Ledakowicz. Thermal processing of sewage sludge by drying, pyrolysis, gasification and combustion. Water Science & Technology, 2001, 44 (10): 333-339.

[33] M Jaeger, M Mayer. The Noell Conversion Process a gasification process for thepollutant-free disposal of sewage sludge and the recovery of energy and materials. Water Science & Technology, 2000, 41 (8): 37-44.

[34] N Okuno, Y Ishikawa, A Shimizu, et al. Utilization of sludge in building material. Water Science & Technology, 2004, 49 (10): 225-232.

[35] T Taruya, NOkuno, K Kanaya. Reuse of sewage sludge as raw material of Portland cement in Japan. Water Science & Technology, 2002, 46 (10): 255-258.

[36] Ying-Chih Chiu, Cheng-Nan Chang, Jih-Gaw Lin, et al. Alkaline and ultrasonic pretreatment of sludge before anaerobic digestion. Water Science & Technology, 1997, 36 (11): 155-162.

[37] M Hiraoka, N Takeda, S Sakai, et al. Highly efficient anaerobic digestion with thermal pretreatment. Water Science & Technology, 1985, 17 (4-5): 529-539.

［38］ J Pinnekamp. Effects of thermal pretreatment of sewage sludge on anaerobic digestion. Water Science & Technology, 1989, 21 (4–5): 97–108.

［39］ Yu–You Li, T Noike. Upgrading of anaerobic digestion of waste activated sludge by thermal pretreatment. Water Science & Technology, 1992, 26 (3–4): 857–866.

［40］ Jeongsik Kim, Chulhwan Park, Tak–Hyun Kim, et al. Effects of various pretreatments for enhanced anaerobic digestion with waste activated sludge. Journal of Bioscience and Bioengineering, 2003, 95 (3): 271–275.

［41］ Alexandre Valo, Helene Carrere, Jean Philippe Delgenes. Thermal, chemical and thermo-chemical pre-treatment of waste activated sludge for anaerobic digestion. Journal of Chemical Technology and Biotechnology, 2004, 79 (11): 1197–1203.

［42］ Ivet Ferrer, Sergio Ponsá, Felícitas Vázquez, et al. Increasing biogas production by thermal (70 C) sludge pre-treatment prior to thermophilic anaerobic digestion. Biochemical Engineering Journal, 2008, 42 (2): 186–192.

［43］ Mavi Climent, Ivet Ferrer, Ma del Mar Baeza, et al. Effects of thermal and mechanical pretreatments of secondary sludge on biogas production under thermophilic conditions. Chemical Engineering Journal, 2007, 133 (1): 335–342.

［44］ C Bougrier, JP Delgenes, H Carrere. Impacts of thermal pre–treatments on the semi–continuous anaerobic digestion of waste activated sludge. Biochemical Engineering Journal, 2007, 34 (1): 20–27.

［45］ Shuzo Tanaka, Toshio Kobayashi, Ken–ichi Kamiyama, et al. Effects of thermochemical pretreatment on the anaerobic digestion of waste activated sludge. Water Science and Technology, 1997, 35 (8): 209–215.

［46］ A Tiehm, K Nickel, M Zellhorn, et al. Ultrasonic waste activated sludge disintegration for improving anaerobic stabilization. Water Research, 2001, 35 (8): 2003–2009.

［47］ Fen Wang, Shan Lu ,Min Ji. Components of released liquid from ultrasonic waste activated sludge disintegration. Ultrasonics Sonochemistry, 2006, 13 (4): 334–338.

［48］ Qunhui Wang, Masaaki Kuninobu, Kohji Kakimoto ,et al. Upgrading of anaerobic digestion of waste activated sludge by ultrasonic pretreatment. Bioresource Technology, 1999, 68 (3): 309–313.

［49］ CP Chu, DJ Lee, Bea–Ven Chang, et al. "Weak" ultrasonic pre–treatment on anaerobic digestion of flocculated activated biosolids. Water Research, 2002, 36 (11): 2681–2688.

［50］ Yuanyuan Yan, Leiyu Feng, Chaojie Zhang, et al. Ultrasonic enhancement of waste activated sludge hydrolysis and volatile fatty acids accumulation at pH 10.0. Water Research, 2010, 44 (11): 3329–3336.

［51］ Xiaoling Liu, He Liu, Jinhuan Chen, et al. Enhancement of solubilization and acidification of waste activated sludge by pretreatment. Waste Management, 2008, 28 (12): 2614–2622.

［52］ Tatsuo Shimizu, Kenzo Kudo, Yoshikazu Nasu. Anaerobic waste-activated sludge digestion–a bioconversion mechanism and kinetic model. Biotechnology and Bioengineering, 1993, 41 (11): 1082–1091.

［53］ U Neis, K Nickel, A Tiehm. Enhancement of anaerobic sludge digestion by ultrasonic disintegration. Water Science & Technology, 2000, 42 (9): 73–80.

［54］ Susan TL Harrison. Bacterial cell disruption: a key unit operation in the recovery of intracellular products. Biotechnology Advances, 1991, 9 (2): 217–240.

［55］ Christopher J Rivard, Brian W Duff, Nicholas J Nagle. Development of a novel, two–step process for treating municipal biosolids for beneficial reuse. Applied Biochemistry and Biotechnology, 1998, 70 (1): 569–577.

［56］ HB Choi, KY Hwang, BB Shin. Effects on anaerobic digestion of sewage sludge pretreatment. Water Science & Technology, 1997, 35 (10): 207–211.

［57］ Urs Baier, Peter Schmidheiny. Enhanced anaerobic degradation of mechanically disintegrated sludge. Water Science and Technology, 1997, 36 (11): 137–143.

[58] J Kopp, N Dichtl. Influence of the free water content on the dewaterability of sewage sludges. Water Science & Technology, 2001, 44 (10): 177–183.

[59] In Wook Nah, Yun Whan Kang, Kyung-Yub Hwang, et al. Mechanical pretreatment of waste activated sludge for anaerobic digestion process. Water Research, 2000, 34 (8): 2362–2368.

[60] Juan Garcia, HT Gomes, Ph Serp, et al. Carbon nanotube supported ruthenium catalysts for the treatment of high strength wastewater with aniline using wet air oxidation. Carbon, 2006, 44 (12): 2384–2391.

[61] Marjoleine Weemaes, Hans Grootaerd, F Simoens, et al. Anaerobic digestion of ozonized biosolids. Water Research, 2000, 34 (8): 2330–2336.

[62] Zorica Knezevic, Donald S Mavinic, Bruce C Anderson. Pilot scale evaluation of anaerobic codigestion of primary and pretreated waste activated sludge. Water Environment Research, 1995, 67(5): 835–841.

[63] S Tanaka, K Kamiyama. Thermochemical pretreatment in the anaerobic digestion of waste activated sludge. Water Science & Technology, 2002, 46 (10): 173–179.

[64] AG Vlyssides, PK Karlis. Thermal-alkaline solubilization of waste activated sludge as a pre-treatment stage for anaerobic digestion. Bioresource Technology, 2004, 91 (2): 201–206.

[65] M Carballa, F Omil, AC Alder, et al. Comparison between the conventional anaerobic digestion of sewage sludge and its combination with a chemical or thermal pre-treatment concerning the removal of pharmaceuticals and personal care products. Water Science & Technology, 2006, 53 (8): 109–118.

[66] A Battimelli, C Millet, J Delgens, et al. Anaerobic digestion of waste activated sludge combined with ozone post-treatment and recycling. Water Science & Technology, 2003, 48 (4): 61–68.

[67] R Goel, T Tokutomi, H Yasui. Anaerobic digestion of excess activated sludge with ozone pretreatment. Water Science & Technology, 2003, 47 (12): 207–214.

[68] Tak-Hyun Kim, Sang-Ryul Lee, Youn-Ku Nam, et al. Disintegration of excess activated sludge by hydrogen peroxide oxidation. Desalination, 2009, 246 (1–3): 275–284.

[69] Gulbin Erden, A Filibeli. Improving anaerobic biodegradability of biological sludges by Fenton pre-treatment: Effects on single stage and two-stage anaerobic digestion. Desalination, 2010, 251 (1): 58–63.

[70] Lise Appels, Ado Van Assche, Kris Willems, et al. Peracetic acid oxidation as an alternative pre-treatment for the anaerobic digestion of waste activated sludge. Bioresource Technology, 2011, 102 (5): 4124–4130.

[71] 姜苏. 表面活性剂促进污水厂剩余污泥发酵生产短链脂肪酸的研究 [D]. 上海：同济大学. 2007.

[72] 张礼平. 表面活性剂对剩余污泥发酵产酸影响的研究 [D]. 上海：同济大学. 2007.

[73] Peng Zhang, Yinguang Chen, Tian-Yin Huang, et al. Waste activated sludge hydrolysis and short-chain fatty acids accumulation in the presence of SDBS in semi-continuous flow reactors: Effect of solids retention time and temperature. Chemical Engineering Journal, 2009, 148 (2–3): 348–353.

[74] Su Jiang, Yinguang Chen, Qi Zhou. Influence of alkyl sulfates on waste activated sludge fermentation at ambient temperature. Journal of Hazardous Materials, 2007, 148 (1–2): 110–115.

[75] Zhouying Ji, Guanlan Chen, Yinguang Chen. Effects of waste activated sludge and surfactant addition on primary sludge hydrolysis and short-chain fatty acids accumulation. Bioresource Technology, 2010, 101 (10): 3457–3462.

[76] Kun Luo, Qi Yang, Jing Yu, et al. Combined effect of sodium dodecyl sulfate and enzyme on waste activated sludge hydrolysis and acidification. Bioresource Technology, 2011, 102 (14): 7103–7110.

[77] Marjoleine PJ Weemaes, Willy H Verstraete. Evaluation of current wet sludge disintegration techniques. Journal of Chemical Technology and Biotechnology, 1998, 73 (2): 83–92.

[78] Kun Luo, Qi Yang, Xiao-ming Li, et al. Hydrolysis kinetics in anaerobic digestion of waste activated sludge enhanced

by α-amylase. Biochemical Engineering Journal, 2012, 62: 17–21.

［79］ SG Pavlostathis, JM Gossett. A kinetic model for anaerobic digestion of biological sludge. Biotechnology and Bioengineering, 1986, 28 (10): 1519–1530.

［80］ Jesús André s Cacho Rivero. Anaerobic digestion of excess municipal sludge. Optimization for increased solid destruction. The University of Cincinnati, 2005.

［81］ Nuno Miguel Gabriel Coelho, Ronald L. Droste, Kevin J. Kennedy. Evaluation of continuous mesophilic, thermophilic and temperature phased anaerobic digestion of microwaved activated sludge. Water Research, 2011, 45 (9): 2822–2834.

［82］ Daniel S Skalsky, Glen T Daigger. Wastewater solids fermentation for volatile acid production and enhanced biological phosphorus removal. Water Environment Research, 1995, 67(5): 230–237.

［83］ N Ferreiro, M Soto. Anaerobic hydrolysis of primary sludge: influence of sludge concentration and temperature. Water Science & Technology, 2003, 47 (12): 239–246.

［84］ R Moser-Engeler, KM Udert, D Wild, et al. Products from primary sludge fermentation and their suitability for nutrient removal. Water Science & Technology, 1998, 38 (1): 265–273.

［85］ Panagiotis Elefsiniotis, William K Oldham. Influence of pH on the acid-phase anaerobic digestion of primary sludge. Journal of Chemical Technology and Biotechnology, 1994, 60 (1): 89–96.

［86］ A Banerjee, P Elefsiniotis, D Tuhtar. The effect of addition of potato-processing wastewater on the acidogenesis of primary sludge under varied hydraulic retention time and temperature. Journal of Biotechnology, 1999, 72 (3): 203–212.

［87］ R Speece. The role of pH in the organic material solubilization of domestic sludge in anaerobic digestion. Water Science & Technology, 2003, 48 (3): 143–150.

［88］ H Yu, X Zheng, Z Hu, et al. High-rate anaerobic hydrolysis and acidogenesis of sewage sludge in a modified upflow reactor. Water Science & Technology, 2003, 48 (4): 69–75.

［89］ Panagiotis Elefsiniotis, William K Oldham. Anaerobic acidogenesis of primary sludge: the role of solids retention time. Biotechnology and Bioengineering, 1994, 44 (1): 7–13.

［90］ Nidal Mahmoud, Grietje Zeeman, Huub Gijzen, et al. Anaerobic stabilisation and conversion of biopolymers in primary sludge—effect of temperature and sludge retention time. Water Research, 2004, 38 (4): 983–991.

［91］ RJ Zoetemeyer, JC Van den Heuvel, A Cohen. pH influence on acidogenic dissimilation of glucose in an anaerobic digestor. Water Research, 1982, 16 (3): 303–311.

［92］ HQ Yu, HHP Fang. Acidogenesis of dairy wastewater at various pH levels. Water Science & Technology, 2002, 45 (10): 201–206.

［93］ Kamma Raunkjær, Thorkild Hvitved-Jacobsen, Per Halkjær Nielsen. Measurement of pools of protein, carbohydrate and lipid in domestic wastewater. Water Research, 1994, 28 (2): 251–262.

［94］ Gene F. Parkin, William F. Owen. Fundamentals of anaerobic digestion of wastewater sludge. Journal of Environmental Engineering, 1986, 112 (5): 867–920.

［95］ J.A. Eastman, J.F. Ferguson. Solubilization of particulate organic carbon during the acid phase of anaerobic digestion. Jounal of Water Pollution Control Federation, 1981, 53 (3): 352–366.

［96］ Shuzo Tanaka, Toshio Kobayashi, Ken-ichi Kamiyama, et al. Effects of thermochemical pretreatment on the anaerobic digestion of waste activated sludge. Water Science & Technology, 1997, 35 (8): 209–215.

［97］ X. Y. Li, S. F. Yang. Influence of loosely bound extracellular polymeric substances (EPS) on the flocculation, sedimentation and dewaterability of activated sludge. Water Research, 2007, 41 (5): 1022–1030.

［98］ H. Yuan, Y. Chen, H. Zhang, et al. Improved bioproduction of short-chain fatty acids (SCFAs) from excess sludge under alkaline conditions. Environmental Science & Technology, 2006, 40 (6): 2025–2029.

[99] Peng Zhang, Yinguang Chen, Qi Zhou. Waste activated sludge hydrolysis and short–chain fatty acids accumulation under mesophilic and thermophilic conditions: Effect of pH. Water Research, 2009, 43 (15): 3735–3742.

[100] Peng Zhang, Yinguang Chen, Qi Zhou. Effect of surfactant on hydrolysis products accumulation and short–chain fatty acids (SCFA) production during mesophilic and thermophilic fermentation of waste activated sludge: Kinetic studies. Bioresource Technology, 2010, 101 (18): 6902–6909.

[101] Yamin Jiang, Yinguang Chen, Xiong Zheng. Efficient polyhydroxyalkanoates production from a waste–activated sludge alkaline fermentation liquid by activated sludge submitted to the aerobic feeding and discharge process. Environmental Science & Technology, 2009, 43 (20): 7734–7741.

[102] Qunhui Wang, Masaaki Kuninobu, Hiroaki I. Ogawa, et al. Degradation of volatile fatty acids in highly efficient anaerobic digestion. Biomass and Bioenergy, 1999, 16 (6): 407–416.

[103] L. Appels, A. Van Assche, K. Willems, et al. Peracetic acid oxidation as an alternative pre–treatment for the anaerobic digestion of waste activated sludge. Bioresource Technology, 2011, 102 (5): 4124–4130.

[104] Su Jiang, Yinguang Chen, Qi Zhou, et al. Biological short–chain fatty acids (SCFAs) production from waste–activated sludge affected by surfactant. Water Research, 2007, 41 (14): 3112–3120.

[105] Su Jiang, Yinguang Chen, Qi Zhou. Effect of sodium dodecyl sulfate on waste activated sludge hydrolysis and acidification. Chemical Engineering Journal, 2007, 132 (1–3): 311–317.

[106] Aurore Cadoret, Arnaud Conrad, Jean–Claude Block. Availability of low and high molecular weight substrates to extracellular enzymes in whole and dispersed activated sludges. Enzyme and Microbial Technology, 2002, 31 (1–2): 179–186.

[107] Xue Yang, Maoan Du, Duu–Jong Lee, et al. Enhanced production of volatile fatty acids (VFAs) from sewage sludge by β–cyclodextrin. Bioresource Technology, 2012, 110: 688–691.

[108] K. Luo, Q. Yang, J. Yu, et al. Combined effect of sodium dodecyl sulfate and enzyme on waste activated sludge hydrolysis and acidification. Bioresource Technology, 2011, 102 (14): 7103–7110.

[109] K. Luo, Q. Ye, X. Yi, et al. Hydrolysis and acidification of waste–activated sludge in the presence of biosurfactant rhamnolipid: effect of pH. Applied Microbiology and Biotechnology, 2013, 97 (12): 5597–5604.

[110] S. Mukherjee, P. Das, R. Sen. Towards commercial production of microbial surfactants. Trends in Biotechnology, 2006, 24 (11): 509–515.

[111] T. Liu, Z. L. Chen, W. Z. Yu, et al. Characterization of organic membrane foulants in a submerged membrane bioreactor with pre–ozonation using three–dimensional excitation–emission matrix fluorescence spectroscopy. Water Research, 2011, 45 (5): 2111–2121.

[112] Rasmus Bro, Henk A. L. Kiers. A new efficient method for determining the number of components in PARAFAC models. Journal of Chemometrics, 2003, 17 (5): 274–286.

[113] Colin A. Stedmon, Rasmus Bro. Characterizing dissolved organic matter fluorescence with parallel factor analysis: a tutorial. Limnol. Oceanogr. Methods, 2008, (6): 572–579.

[114] DJ Batstone, J Keller, I Angelidaki, et al. The IWA Anaerobic Digestion Model No 1 (ADM1). IWA Publishing, 2002.

[115] Aijuan Zhou, Chunxue Yang, Zechong Guo, et al. Volatile fatty acids accumulation and rhamnolipid generation in situ from waste activated sludge fermentation stimulated by external rhamnolipid addition. Biochemical Engineering Journal, 2013, 77: 240–245.

[116] Jyoti Prakash Maity, Yuh Ming Huang, Chun–Mei Hsu, et al. Removal of Cu, Pb and Zn by foam fractionation and a soil washing process from contaminated industrial soils using soapberry–derived saponin: A comparative effectiveness

assessment. Chemosphere, 2013, 92 (10): 1286-1293.

[117] Y. H. Ahn, R. E. Speece. A novel process for organic acids and nutrient recovery from municipal wastewater sludge. Water Science and Technology, 2006, 53 (12): 101-109.

[118] Mengmeng Cai, Hong Chua, Qingliang Zhao, et al. Optimal production of polyhydroxyalkanoates (PHA) in activated sludge fed by volatile fatty acids (VFAs) generated from alkaline excess sludge fermentation. Bioresource Technology, 2009, 100 (3): 1399-1405.

[119] Q. Niu, W. Qiao, H. Qiang, et al. Mesophilic methane fermentation of chicken manure at a wide range of ammonia concentration: Stability, inhibition and recovery. Bioresource Technology, 2013, 137: 358-367.

[120] KJ Hong. Application of plant-derived biosurfactant to heavy metal removal from fly ash and soil. Ph. D. Dissertation. Tokyo: Tokyo Institute of Technology, 2000.

[121] Dignac M.-F, V Urbain, D Rybacki, et al. Chemical description of extracellular polymers: implication on activated sludge floc structure. Water Science & Technology, 1998, 38 (98): 45-53.

[122] J. I. Houghton, T Stephenson. Effect of influent organic content on digested sludge extracellular polymer content and dewaterability. Water Research, 2002, 36 (14): 3620.

[123] Frφlund Bo, Rikke Palmgren, Kristian Keiding, et al. Extraction of extracellular polymers from activated sludge using a cation exchange resin. Water Research, 1996, 30 (8): 1749-1758.

[124] Delia Teresa Sponza. Investigation of extracellular polymer substances (EPS) and physicochemical properties of different activated sludge flocs under steady-state conditions. Enzyme & Microbial Technology, 2003, 32 (3-4): 375-385.

[125] 张礼平. 表面活性剂对剩余污泥发酵产酸影响的研究 [学位论文]. 上海：同济大学，2007.

[126] 苏亚欣，毛玉如，赵敬德. 新能源与可再生能源概论. 北京：化学工业出版社，2006.

[127] 吴鸿欣，曹洪国，韩增德等. 中国玉米秸秆综合利用技术介绍与探讨. 农业工程. 2011, 01 (3): 9-12.

[128] 杨治平. 玉米秸秆利用概况及秸秆发酵前景展望. 当代农机，2010, (8): 70-71.

[129] 黄达然，冯雷雨，陈银广等. 连续流反应器中污泥停留时间对剩余污泥碱性厌氧发酵生产短链脂肪酸的影响. 环境污染与防治，2008, 30 (10): 16-19.

[130] Emine Ubay Cokgor, Gulsum, Emel Zengin, et al. Respirometric Assessment of Primary Sludge Fermentation Products. Journal of Environmental Engineering, 2006, 132 (1): 68-74.

[131] D. J. Batstone, I. Angelidaki, S. V. Kalyuzhnyi, et al. Anaerobic digestion model no. 1. IWA Publishing, 2002.

[132] 陈翠玲. 食用菌栽培废料养分含量分析. 河南农业科学，2002, (4): 28-29.

[133] 高士友，高雯，李勇等. 北虫草和金针菇菌糠饲喂畜禽的应用效果. 饲料研究，2008, (4): 27-29.

[134] 马玉胜. 食用菌糠喂奶山羊的试验效果. 饲料博览，1996, (sl): 13-14.

[135] 赵丽珍，刘振钦，郑怀训. 香菇菌糠对玉米增产作用机制的初步研究. 吉林农业大学学报，1991, (3): 84-86.

[136] 方开泰. 均匀设计与均匀设计表. 北京：科学出版社，1994.

[137] J. I. Horiuchi, T Shimizu, K Tada, et al. Selective production of organic acids in anaerobic acid reactor by pH control. Bioresource Technology, 2002, 82 (3): 209.

[138] 花卫华，单昊书，徐志伟等. 醋糟对湖羊羔羊育肥效果的研究. 安徽农业科学，2008, 36 (32): 14105-14105.

[139] 韩映梅. 饲喂醋糟对肥育猪的效果. 中国草食动物科学，1999, (2): 9.

[140] 崔保维，郑晓忠. 醋糟饲养育肥牛效果好. 中国饲料. 1993, (5): 20.

[141] 景小兰，田洪岭. 醋糟栽培双孢菇的示范与推广. 山西农业科学. 2009, 37 (2): 29-31.

[142] 姚满生，李德中，张福元等. 醋糟料栽培的平菇类蛋白质量评价. 山西农业大学学报（自然科学版），

1992, (3): 249–250.

[143] 李萍萍，胡永光，赵玉国等. 不同物质调节醋糟基质理化性状分析及其应用效果. 安徽农业科学，2007，35 (11): 3146–3147.

[144] 刘超杰，郭世荣，束胜等. 醋糟基质粉碎程度对辣椒幼苗生长和光合能力的影响. 农业工程学报，2010，26 (1): 330–334.

[145] 白维东. 使用醋糟应急急救养殖鱼类氨氮、亚硝酸盐中毒的效果. 渔业致富指南，2003, (24): 22–23.

[146] 张韦. 盐碱地池塘中使用醋糟治疗三毛金藻中毒症的效果试验. 天津水产，2008, (Z1): 12–14.

[147] Zhenbin Wang, Shuping Shao, Cunsheng Zhang, et al. Pretreatment of vinegar residue and anaerobic sludge for enhanced hydrogen and methane production in the two-stage anaerobic system. International Journal of Hydrogen Energy, 2015, 40 (13): 4494–4501.

[148] L. Li, L. Feng, R. Zhang, et al. Anaerobic digestion performance of vinegar residue in continuously stirred tank reactor. Bioresource Technology. 2015, 186: 338–342.

[149] 冯璐. 食醋工业废弃物厌氧消化性能及预处理技术研究. 北京：北京化工大学，2013.

[150] 王立群，陈兆生. 醋糟间歇气化制备燃气试验. 天然气工业，2014, 34 (3): 147–152.

[151] 李芳香，郁建平. 酒糟的保存和应用现状. 山地农业生物学报，2016, 35 (4): 66–71.

[152] 高路. 酒糟的综合利用. 酿酒科技，2004, (5): 101–102.

[153] 李建，叶翔. 酒糟综合利用多元化研究. 中国酿造，2013, 32 (12): 121–124.

[154] 付善飞，许晓晖，师晓爽等. 酒糟沼气化利用的基础研发. 化工学报，2014, 65 (5): 1913–1919.

[155] 巩欣，程永强，纪凤娣等. 酱油渣的再利用研究进展. 食品工业科技，2013, 34 (5): 384–387.

[156] 阎杰，宋光泉. 值得开发的"废物"–酱油渣. 中国调味品，2006, (10): 14–17.

[157] 陈媛，张志国. 酱油渣残余蛋白有效利用研究进展. 中国调味品，2016, 41 (3): 153–157.

[158] 卜春文. 酱油渣的生物技术开发利用. 饲料工业，2001, (12): 49–49.

[159] 卜春文. 利用生物技术开发酱油渣的试验. 饲料研究，2001, (9): 27–28.

[160] 戴德慧，周利南，冯纬等. 酱渣食用菌发酵生产功能性饲料的研究. 浙江农业科学，2010, (2): 406–409.

[161] 施安辉，李丽莉，施亚林等. 酿造固体渣类无废物生物工程处理技术的研究. 中国酿造，2007, 26 (8): 4–6.

[162] 庄桂，韦梅生. 利用醋渣和酱渣酿造鲜味剂的研究. 河南工业大学学报（自然科学版），2005, 26 (6): 24–27.

[163] 蒋爱国. 酱油渣和醋糟的营养价值及发酵技术. 农村新技术，2012, (9): 69–70.

[164] 贾志莉，初永宝，师晓爽等. 酱糟与醋糟混合发酵产沼气研究. 环境科学学报，2013, 33 (7): 1947–1952.

[165] 杨庆文，彭晓光，杨林娥等. 醋糟的开发与利用. 山西农业科学，2009, 37 (2): 44–46.

[166] 陈晓寅，王振斌，马海乐等. 醋糟的利用现状及前景. 中国酿造，2010, 29 (10): 1–4.

[167] 侯雨，林聪，王阳等. 醋糟厌氧发酵特性的研究. 可再生能源，2011, 29 (2): 85–88.

[168] 崔耀明，董晓芳，佟建明等. 山西老陈醋醋糟营养成分分析. 饲料工业，2015, (1): 24–29.

[169] 何艳峰，李秀金，方文杰等. NaOH固态预处理对稻草中纤维素结构特性的影响. 可再生能源，2007, 25 (5): 31–34.

[170] T. H. Kim, J. S. Kim, C Sunwoo, et al. Pretreatment of corn stover by aqueous ammonia. Bioresour Technol, 2003, 90 (1): 39–47.

[171] G Gastaldi, G Capretti, B Focher, et al. Characterization and proprieties of cellulose isolated from the Crambe abyssinica hull. Industrial Crops & Products, 1998, 8 (3): 205–218.

[172] L. Feng, Y. Chen, X. Zheng. Enhancement of waste activated sludge protein conversion and volatile fatty acids accumulation during waste activated sludge anaerobic fermentation by carbohydrate substrate addition: the effect of pH. Environmental Science & Technology, 2009, 43 (12): 4373–4380.

［173］刘燕，陈银广，郑弘等. 乙酸丙酸比例对富集聚磷菌生物除磷系统影响研究. 环境科学学报，2006, 26 (8): 1278–1283.

［174］Aijuan Zhou, Jingwen Du, Cristiano Varrone, et al. VFAs bioproduction from waste activated sludge by coupling pretreatments with Agaricus bisporus substrates conditioning. Process Biochemistry, 2013, 49 (2): 283–289.

［175］C. Yang, W. Liu, Z. He, et al. Freezing/thawing pretreatment coupled with biological process of thermophilic Geobacillus sp. G1: Acceleration on waste activated sludge hydrolysis and acidification. Bioresource Technology, 2014, 175C: 509–516.

［176］Xiaoling Liu, He Liu, Yiyang Chen, et al. Effects of organic matter and initial carbon–nitrogen ratio on the bioconversion of volatile fatty acids from sewage sludge. Journal of Chemical Technology & Biotechnology, 2008, 83 (7): 1049–1055.

［177］F. Morgan–Sagastume, S. Pratt, A. Karlsson, et al. Production of volatile fatty acids by fermentation of waste activated sludge pre–treated in full–scale thermal hydrolysis plants. Bioresour Technol, 2011, 102 (3): 3089–3097.

［178］A. Zhou, Z. Guo, C. Yang, et al. Volatile fatty acids productivity by anaerobic co–digesting waste activated sludge and corn straw: Effect of feedstock proportion. Journal of Biotechnology, 2013, 168 (2): 234–239.

［179］SS Banister, AR Pitman, WA Pretorius. The solubilisation of N and P during primary sludge acid fermentation and precipitation of the resultant P. Water Sa, 1998, 24 (4): 337–342.

［180］Yinguang Chen, Su Jiang, Hongying Yuan, et al. Hydrolysis and acidification of waste activated sludge at different pHs. Water Research, 2007, 41 (3): 683–689.

［181］Chao Zhang, Yinguang Chen. Simultaneous Nitrogen and Phosphorus Recovery from Sludge–Fermentation Liquid Mixture and Application of the Fermentation Liquid To Enhance Municipal Wastewater Biological Nutrient Removal. Environmental Science & Technology, 2009, 43 (16): 6164–6170.

［182］Q. Yuan, J. A. Oleszkiewicz. Biomass fermentation to augment biological phosphorus removal. Chemosphere, 2010, 78 (1): 29–34.

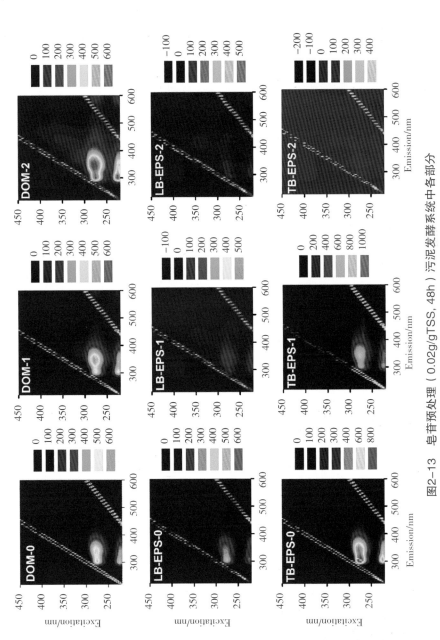

图2-13 皂苷预处理（0.02g/gTSS，48h）污泥发酵系统中各部分
（DOM，LB-EPS 和TB-EPS）的三维荧光光谱图

注：1. 图中Excitation代表激发波长；Emission代表发射波长。

2. （0）原泥；（1）空白组；（2）皂苷预处理组。

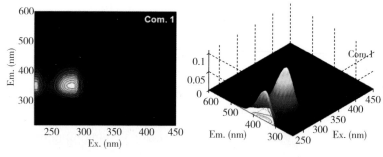

（a）色氨酸类蛋白质（Ex/Em 270/350, Com.1）

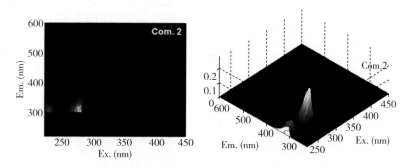

（b）酪氨酸类蛋白质（Ex/Em 270/300, Com.2）

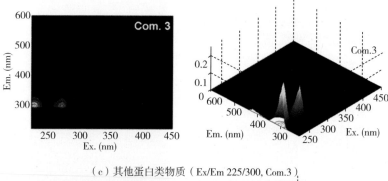

（c）其他蛋白类物质（Ex/Em 225/300, Com.3）

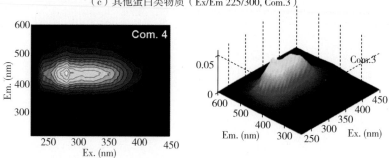

（d）富里酸类物质（Ex/Em 300/440, Com.4）

图2-15　采用PARAFAC法解析的DOM和EPSs中四个组分的荧光图谱

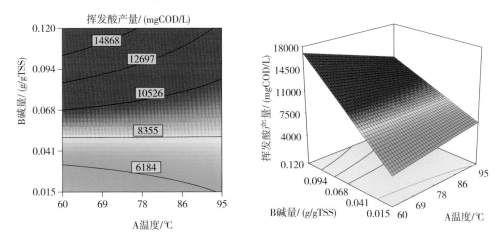

图4-3 温度和加碱量的响应曲面图

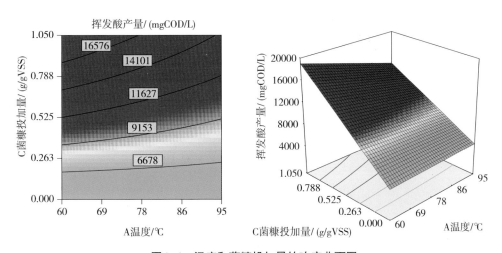

图4-4 温度和菌糠投加量的响应曲面图

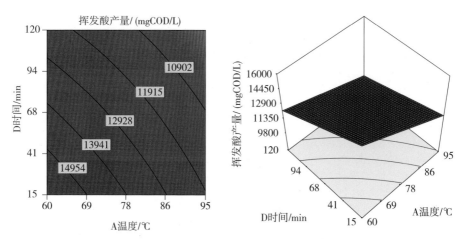

图4-5 温度和加热时间的响应曲面图

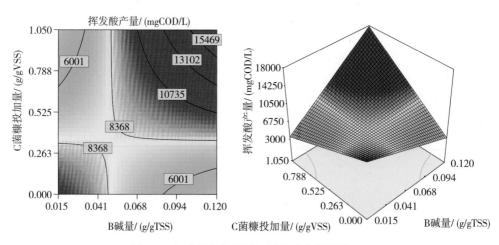

图4-6 加碱量和菌糠投加量的响应曲面图

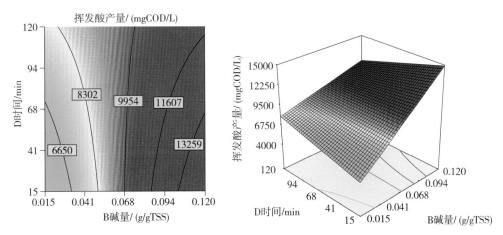

图4-7 加碱量和加热时间的响应曲面图

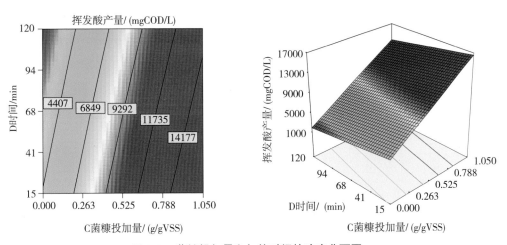

图4-8 菌糠投加量和加热时间的响应曲面图

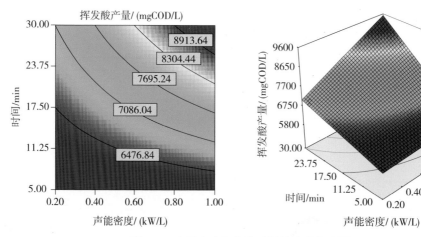

图4-9　声能密度和超声时间的响应曲面图

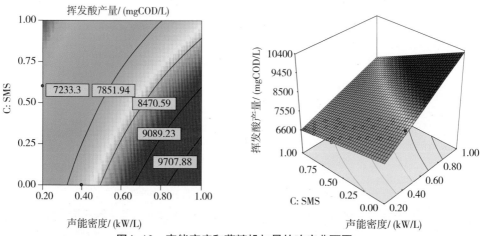

图4-10　声能密度和菌糠投加量的响应曲面图

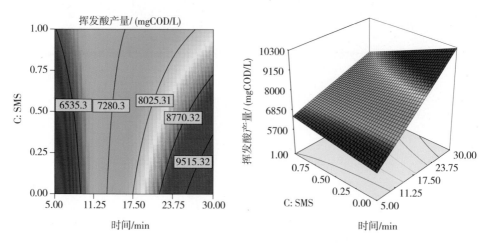

图4-11　超声时间和菌糠投加量的响应曲面图

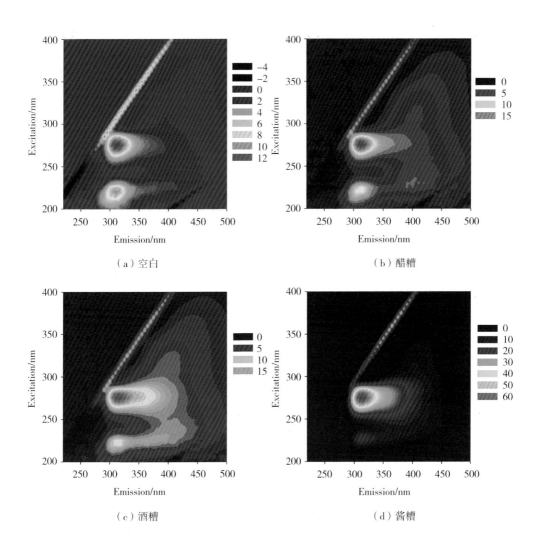

（a）空白

（b）醋糟

（c）酒糟

（d）酱糟

图5-19　污泥发酵系统中DOM三维荧光光谱图

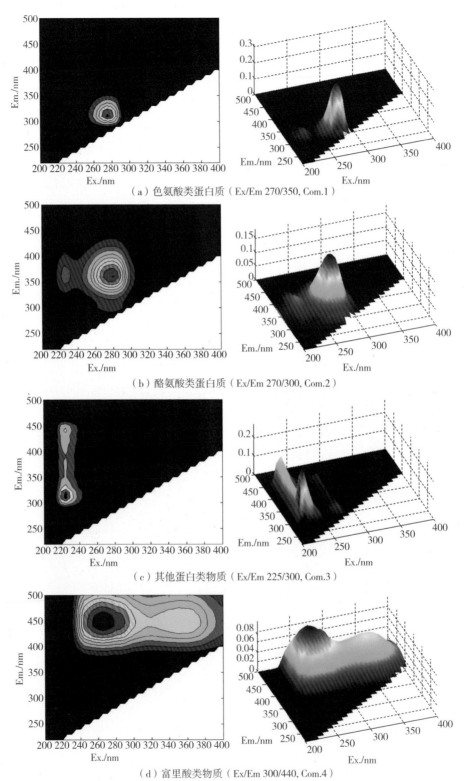

（a）色氨酸类蛋白质（Ex/Em 270/350, Com.1）

（b）酪氨酸类蛋白质（Ex/Em 270/300, Com.2）

（c）其他蛋白类物质（Ex/Em 225/300, Com.3）

（d）富里酸类物质（Ex/Em 300/440, Com.4）

图5-20　采用PARAFAC法解析的DOM中四个组分的荧光图谱